AI 短视频生成与制作

王雪乃 著

天津出版传媒集团

天津科学技术出版社

图书在版编目（CIP）数据

AI 短视频生成与制作 / 王雪乃著 . -- 天津 : 天津科学技术出版社, 2025. 7（2025. 10 重印）. -- ISBN 978-7-5742-2970-9

Ⅰ . TN948.4-39

中国国家版本馆 CIP 数据核字第 2025KT1554 号

AI 短视频生成与制作

AI DUANSHIPIN SHENGCHENG YU ZHIZUO

责任编辑：	刘　颖
出　　版：	天津出版传媒集团 天津科学技术出版社
地　　址：	天津市西康路 35 号
邮　　编：	300051
电　　话：	（022）23332695
发　　行：	新华书店经销
印　　刷：	大厂回族自治县彩虹印刷有限公司

开本 670×950　1/16　印张 11　字数 100 000
2025 年 10 月第 1 版第 2 次印刷
定价：49.80 元

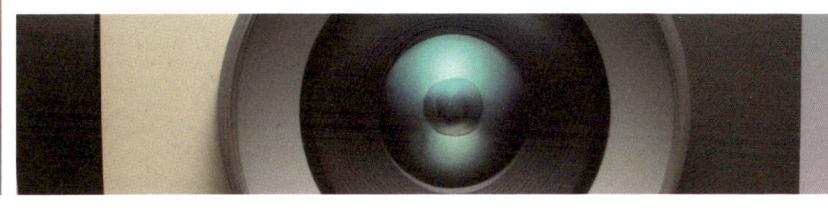

前言

在这个信息爆炸的时代，短视频已成为我们生活中不可或缺的一部分。无论是闲暇的娱乐，还是工作学习的需求，短视频都以其直观、生动、高效的特点，深深地吸引了我们。AI（Artificial Intelligence，人工智能）目前也正在如火如荼地发展，快速融入我们工作和生活的各个方面。那么，如果能借助AI的力量，让短视频的生成与制作变得更加智能化、高效化，将会是怎样一种体验呢？

本书的出现就是为了解答这个疑问，带你走进AI短视频的神奇世界。在这里，你不仅能了解到AI短视频的基本概念和应用场景，还能掌握从文案写作到视频制作的完整流程。当你阅读本书并掌握了运用AI生成文案的技巧后，那些曾经让你头疼的文字工作将不再困难，只需简单的几步，你就能让AI定制出既符合主题又充满创意的文案。而当你通过本书学会运用腾讯智影这样的AI工具后，你会发现，原来用AI生成视频、字幕、配音和封面这些看似复杂的工作，竟然可以如此简单高效。

当然，学习新技能的过程总是充满了挑战和困惑。因此，在本书中，我们通过大量的实操案例分析，搭配详细的步骤图解，让你深入了解并快速掌握制作AI短视频的实战技巧。

这本书适合所有对AI短视频感兴趣的朋友，无论你是初学者，还是已经有一定基础的从业者，都能在这里找到你想要的答案。我们希望通过本书，让更多的人了解AI短视频，掌握AI短视频的制作技巧，用AI的力量为我们的生活和工作带来更多的便利和乐趣。

学习永远是一件让人充满期待和惊喜的事情。当你翻开这本书的那一刻起，你就已经迈出了通往AI短视频制作大师的第一步。现在，准备好了吗？让我们一起，用智慧和勇气，去探索这个充满无限可能的AI短视频世界吧！

由于AI技术目前仍有其局限性，因此书中部分图片展示的AI生成内容可能存在一些不准确的地方，并且不同的人在实际操作中得到的结果也可能会存在一定的差异。建议读者以书中提供的方法为基础，辩证看待AI所生成的结果。

由于AI技术发展迅速，各种AI工具如雨后春笋般不断涌现，软件迭代更新速度也非常快，我们以此书抛砖引玉，书中难免会有疏漏和不足之处，敬请广大读者及专家指正。

目 录

第 1 章　认识 AI 短视频

1.1 AI 短视频的基本概念	002
1.2 AI 短视频的特点	004
1.3 AI 短视频的关键技术	008
1.4 AI 短视频的常见表现形式	012
1.5 AI 短视频的应用场景	015
1.6 AI 短视频如何进行商业变现	020

第 2 章　AI 短视频生成前的准备工作

2.1 选题与构思　024
  2.1.1 选题与构思的重要性　024
  2.1.2 具体的实施步骤　025
  2.1.3 注意事项　026
2.2 收集素材　028
2.3 创作文案　032
  2.3.1 文案的作用　032
  2.3.2 创作文案的注意事项　034
  2.3.3 AI 生成短视频文案的方法　036
  2.3.4 关键词设定技巧　040
2.4 设计脚本　043
2.5 创作标题　047

第 3 章　AI 生成文案、脚本和标题案例分析

3.1 科学探密类短视频文案、脚本和标题　052
3.2 教程演示类短视频文案、脚本和标题　057
3.3 品牌营销类短视频文案、脚本和标题　063
3.4 影视解说类短视频文案、脚本和标题　069
3.5 MBTI 分析类短视频文案、脚本和标题　075

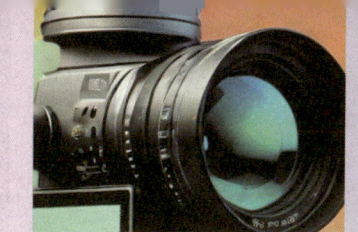

第 4 章　AI 视频工具的使用

4.1　认识腾讯智影　082
4.2　腾讯智影核心功能介绍　085
　　4.2.1　视频剪辑　085
　　4.2.2　智能抹除　091
　　4.2.3　文章转视频　093
　　4.2.4　智能抠像　094
　　4.2.5　数字人直播　096
　　4.2.6　图像擦除　098
　　4.2.7　视频解说　101
4.3　运用 AI 视频工具生成短视频　105
　　4.3.1　使用腾讯智影进行 AI 短视频的生成　106
　　4.3.2　使用智谱清言进行 AI 短视频的生成　109

第 5 章　AI 生成字幕、配音与封面

5.1　AI 生成字幕　116
　　5.1.1　运用腾讯智影生成字幕　116
　　5.1.2　运用录咖生成字幕　119
5.2　AI 制作配音　124
　　5.2.1　AI 配音的原理　125
　　5.2.2　AI 配音的流程　125
　　5.2.3　AI 配音的优势　128

5.3 AI 设计封面　　　　　　　　　　　130
　　5.3.1 封面设计实用技巧　　　　　130
　　5.3.2 使用即梦 AI 设计封面　　　131
　　5.3.3 注意事项　　　　　　　　　138

第 6 章　视频制式调整的技巧

6.1 认识画幅比例　　　　　　　　　　142
　　6.1.1 画幅比例的重要性　　　　　142
　　6.1.2 不同画幅比例的特征　　　　143
6.2 调节短视频的画幅比例　　　　　　145
　　6.2.1 使用 Pr 调节画幅比例　　　145
　　6.2.2 使用腾讯智影调节画幅比例　150
6.3 认识不同视频格式的优缺点　　　　151
　　6.3.1 MP4 格式　　　　　　　　　151
　　6.3.2 AVI 格式　　　　　　　　　152
　　6.3.3 MKV 格式　　　　　　　　　153
　　6.3.4 FLV 格式　　　　　　　　　154
　　6.3.5 RMVB 格式　　　　　　　　 155
　　6.3.6 WMV 格式　　　　　　　　　156
6.4 利用软件转换视频格式　　　　　　158
　　6.4.1 使用腾讯智影转换视频格式　158
　　6.4.2 使用格式工厂转换视频格式　161

第 1 章

认识 AI 短视频

1.1 AI短视频的基本概念

AI短视频，即通过人工智能技术制作的短视频。它结合了AI算法、大数据和多媒体处理等技术，实现了自动化内容生成、个性化推荐等功能。如今的许多AI工具已经能够自动生成文案、剪辑、拼接视频片段，添加音乐、字幕等元素，从而快速生成高质量的短视频，满足观众碎片化、多样化的需求；同时也成为众多创作者高效、快捷的创作工具，大大降低了短视频制作门槛，使得更多人能够参与到短视频创作中来。

AI短视频的发展得益于近年来人工智能技术的快速发展和普及，以及人们对短视频消费需求的不断增长。短视频起源于21世纪初，随着互联网的普及和多媒体技术的发展，它开始崭露头角，并快速发展。近年来人工智能技术的迅猛发展，让AI开始能够识别、分析和生成视频内容，极大地提高了短视频的制作效率和质量。AI短视频不仅改变了人们的娱乐方式，还对新闻传播、广告营销、教育培训等领域产生了深远影响。它以其独特的方式记录着这个时代的风貌和变迁，成为一种具有历史研究价值的文化现象。

AI短视频的创作原理是基于深度学习和自然语言处理技术，通过收集大量数据并训练模型，理解用户输入的文本或关键词，再将这些内容转化为具体文本，并应用到视频场景和动作的设计中，进而生成符合要求的短视频。同时，计算机视觉技术也在视频素材筛选、剪辑和特效生成等方面发挥重要作用。

AI短视频的特点

AI短视频的特点主要体现在以下几个方面。

1 高度自动化

AI短视频的制作过程中,大量使用了自动化技术,包括自动剪辑、自动合成、自动配乐、自动识别视频中的关键帧、自动分类标签等,有效提高了制作效率。这些自动化技术能够快速地处理大量的视频数据,并且能够根据预设的规则和算法自动完成视频的制作和编辑。这使得制作视频变得更加快速和高效,同时也降低了制作成本。

2 智能化

AI短视频使用了各种人工智能技术，如深度学习、神经网络等，可以对视频进行智能分析和处理，如数字人播报、文章转视频、智能变声、文本配音、视频解说等。这些智能化技术可以帮助制作人员更加准确地把握视频内容的关键信息，对视频进行更加精细的分类和标签化处理，从而更好地满足用户的需求。

3 个性化

AI工具可以根据用户的需求和喜好进行个性化推荐和定制，如基于用户的行为和兴趣推荐相关视频内容。这些个性化推荐技术可以根据用户的观看历史、搜索记录和点赞行为等数据，为用户推荐相关视频内容，提高用户体验和满意度。同时，AI工具还可以根据用户的反馈和评价，对视频内容进行优化和改进，以满足用户的个性化需求。

4 高质量

AI短视频的制作过程中，使用了各种高级的处理技术和算法，可以大大提高短视频的质量和效果。这些技术包括图像增强、音频处理、色彩校正等，可以帮助制作人员对短视频进行精细的调整和优化，提高短视频的质量和观感。同时，AI工具还可以采用一些高级的编码技术和传输协议，以保证短视频的流畅度和清晰度。

5 创意性

AI短视频的制作并不是简单的自动化过程，而是可以通过算法生成具有创意性的内容。例如，可以采用一些生成式对抗网络技术，根据用户提供的数据和需求，自动生成具有创意性的短视频内容，从而给用户带来更加丰富和有趣的视听体验。

6 可控性

AI短视频可以根据用户的要求进行自动化的调整与控制，在特定的场景应用中展现出显著的优势。尤其是在广告营销领域，通过精准控制短视频内容，AI工具能够吸引用户注意力，显著提升营销效果。例如，根据创作者的设计需求，AI工具可以快速修改文案，自动调整色彩、节奏及信息呈现方式，确保每一帧都能精准触达用户兴趣点，从而实现更高效、更个性化的广告传播。

7 数据分析能力

AI工具能够收集和分析短视频用户的数据，以更好地了解用户需求，从而为用户提供更精准的短视频。同时，AI还可以帮助企业和个人更好地理解目标用户群体的需求，从而制定更精准的营销策略，提升用户体验和满意度。

1.3 AI短视频的关键技术

下面,让我们更深入地探讨AI短视频涉及的一些关键技术。

1 自动生成视频内容涉及的关键技术

自动生成视频内容涉及多种先进的AI技术,主要包括生成式对抗网络和变分自编码器。这些技术能够从大量的训练数据中学习视频内容的潜在分布,并生成与训练数据相似但不完全相同的新视频。

(1)生成式对抗网络

生成式对抗网络由两个神经网络组成,一个是生成器,一个是判别器。生成器的任务是生成新的视频帧,而判别器的任务是区分生成的视频帧和真实的视频帧。通过两者的对抗训练,生成器逐渐学会生成更加逼真的视频内容。

(2)变分自编码器

变分自编码器通过学习视频帧的潜在表示来生成新的视频内容。它由一个编码器和一个解码器组成。编码器将输入的视频帧压缩成一个潜在向量,而解码器则从这个潜在向量中重建出视频帧。通过优化重建误差和潜在向量的分布,能够生成与输入视频风格相似的新视频。

2 智能剪辑与加工涉及的关键技术

智能剪辑与加工的实现涉及下列关键技术。

(1)关键帧检测

AI工具能够自动分析短视频中的每一帧,识别出关键帧,即包含重要信息或动作变化的帧。这些关键帧可以用于短视频的自动剪辑和摘要生成。

(2)目标检测和跟踪

通过目标检测算法,AI工具能够识别短视频中的特定对象,如人脸、车辆等,并对其进行跟踪。这可以用于实现给短视频添加特效,如人脸识别滤镜、动态贴纸等。

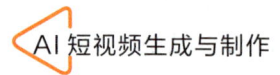

（3）图像增强和风格迁移

AI工具还可以对视频帧进行图像增强，如提高亮度、对比度、色彩饱和度等，以改善短视频质量；同时，通过风格迁移技术，AI工具能够将一种短视频的风格迁移到另一个短视频中，实现短视频的艺术化处理和特效加工。

3 情感与语义分析涉及的关键技术

情感与语义分析是AI短视频实现突破的重要手段，涉及下列关键技术。

（1）音频分析

AI工具能够分析短视频中的音频信号，识别出对话、音乐和声音特效等元素，并理解其情感和语义内容。这可以用于为短视频配上合适的背景音乐或声音特效。

（2）文字识别与理解

通过光学字符识别和自然语言处理技术，AI工具能够识别短视频中的文字内容，并理解其语义。这可以用于短视频的字幕生成、内容分类和标签化等。

（3）表情分析

AI工具还能够分析短视频中的人物表情，识别出喜、怒、哀、乐等情感状态。这可以用于短视频的情感分析和推荐。

综上所述，AI短视频的发展涉及多个领域的先进AI技术，包括生成模型、计算机视觉、图像处理、音频分析、自然语言处理等。这些技术的结合使得AI短视频在内容生成、剪辑、特效和情感分析等方面取得了显著的进展，为短视频创作和消费带来了全新的体验。

1.4 AI短视频的常见表现形式

随着人工智能技术的不断发展，AI短视频在人们日常生活中变得越来越重要。它不仅可以让观众在短时间内获取大量信息，还能通过生动的视觉和声音效果吸引观众的注意力。作为现代科技与创意结合的产物，AI短视频格式多样，可以满足不同的观众喜好和平台要求，以下是AI短视频的几种常见表现形式。

1 竖屏、横屏、正方形格式

随着智能手机的普及，竖屏短视频逐渐成为主流。这种表现形式适合在移动设备上观看，特别是当用户单手操作时。AI可以优化竖屏内容的布局，确保关键信息在有限的屏幕空间内得到有效展示。

虽然竖屏短视频日益流行，但横屏仍然是许多专业制作和电影风格短视频的首选。它提供了更宽广的视野，适合展现宏伟的场景或复杂的动作。

正方形格式在社交媒体平台上尤为常见，如Instagram和TikTok等。正方形格式短视频的构图需要特别考虑，因为所有边缘都是等距的，没有"安全区"可供放置不重要的元素。

2 高清与超高清

随着显示技术的进步，观众对短视频质量的要求也越来越高。AI短视频通常提供高清或超高清的选项，以确保内容在任何设备上都能呈现出色的细节和色彩。

3 动态与静态封面

封面是吸引观众点击观看的第一要素。AI短视频可以生成动态封面，通过微动或循环播放来引起观众注意。精心设计的静态封面也是不错的选择，它们通常包含醒目的标题和引人入胜的视觉元素。

4 音频与字幕

考虑到不同观众的听觉和视觉需求，AI短视频通常配备有可选的音频和字幕。字幕可以是在短视频中的，也可以是作为独立文件提供的，以便用户根据需要启用或禁用。

5 交互性元素

一些AI短视频还包含交互性元素，如热点链接、问答环节或观众投票。这些交互性元素增强了观众的参与感，使短视频更加个性化和引人入胜。

总之，AI短视频的表现形式多种多样，旨在适应不同的平台和观众需求。随着技术的不断进步，我们可以期待未来会出现更多创新和个性化的AI短视频。

1.5 AI短视频的应用场景

1 新闻报道

AI短视频在新闻报道中的应用正通过技术创新不断拓展边界，其核心优势在于提升效率、增强互动性以及优化内容呈现形式。基于自然语言处理技术，AI可快速生成新闻稿件，并通过智能剪辑工具将文字转化为短视频内容；还可通过分析复杂数据集，自动生成动态图表、3D地图等可视化内容，使经济、体育等领域的深度报道更直观。并且，在突发事件或大型活动的报道中，AI短视频能快速整合多平台信息，生成实时报道。

2 广告创意

AI短视频在广告领域具有巨大的潜力。随着消费者对视频的偏好不断增强,短视频广告成为品牌与消费者沟通的重要桥梁。AI技术能够为短视频广告带来更加精准的目标受众定位、内容创意优化和投放策略调整,提高广告效果和转化率。

例如,通过AI技术对用户行为和兴趣进行深入分析,可以为不同用户群体定制个性化的短视频广告内容,实现精准营销。同时,AI还能对广告效果进行实时监测和优化,及时调整投放策略,提高整体效果。

3 电商营销

通过短视频展示产品特点和功能,吸引消费者的注意力并激发购买欲望,已经成为电商行业的重要趋势。AI技术能够进一步优化短视频的制作和推荐过程,提高用户体验和购买转化率。与电商结合的AI短视频将开辟新的商业模式。

此外,AI数字人带货在实际应用中取得了显著效果。例如,某知名美妆品牌利用AI数字人主播进行短视频带货,不仅吸引了大量粉丝关注,还带动了销量的显著提升。

4 教育培训

AI短视频在教育领域也能展现出广阔的应用前景。通过短视频形式呈现知识点和教学内容，能够更加生动形象地展示知识内容，提高学生的学习兴趣和理解能力。AI短视频能够为教育提供更加智能化的内容推荐和学习路径规划，帮助学生更加高效地学习。

同时，AI短视频还可以应用于企业培训和在线教育等领域，为不同行业和场景提供定制化的学习解决方案。

5 社交娱乐

在社交领域，AI短视频能够丰富社交平台的内容形式，提高用户互动性。例如，通过AI技术实现短视频的自动剪辑和特效处理，降低用户创作门槛，鼓励更多用户参与短视频的创作和分享。

随着5G技术的普及和网络带宽的提升，短视频已经成为人们获取信息和娱乐的重要方式之一。AI技术能够为短视频平台提供更加高效的内容制作和分发流程，提高内容的质量和更新速度。

同时，它还可以应用于音乐、游戏等领域，为用户提供更加丰富的娱乐体验。例如，通过AI技术实现音乐与短视频

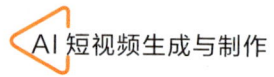

的自动匹配和推荐，让用户更加便捷地享受音乐与视觉的双重盛宴。

6 虚实结合

VR（Virtual Reality，虚拟现实）和AR（Augmented Reality，增强现实）结合AI短视频技术，可以生成与真实环境无缝衔接的虚拟内容，或者将虚拟元素叠加到现实世界中，为用户带来更加沉浸式的体验。这种虚实结合的技术可以应用于游戏、旅游、房地产等行业，为用户提供更加逼真的预览和体验。

7 智能客服与虚拟助手

AI短视频还可以应用于智能客服与虚拟助手领域。利用自然语言处理技术，智能客服与虚拟助手能够快速准确地理解用户的语义和需求，并通过AI短视频的表现方式，为客户提供更加智能且直观的服务。

8 健康医疗

在健康与医疗领域，AI短视频也有着广阔的应用前景。例如，通过AI短视频展示手术过程、医疗知识等，可以帮助医生更加高效地进行医学教育和培训；还可以利用AI算法对医疗影像进行自动分析和诊断,提高诊断的准确性和效率。

9 文化艺术

AI短视频对于文化与艺术领域的影响也日益显著。利用AI短视频,艺术家和创作者可以更加便捷地展示和传播自己的作品。同时,AI短视频还可以为艺术创作提供新的灵感和工具,推动艺术形式的创新和发展。

10 智能硬件与物联网

如今,随着智能硬件和物联网的快速发展,AI短视频也可以与之结合,创造出新的商业模式。例如,智能家居设备可以通过AI短视频形式向用户展示家居环境和设备状态,提供更加直观、便捷的控制和管理方式。

综上所述,AI短视频的应用场景十分广阔,涵盖了新闻、广告、电商、教育和娱乐等多个领域,随着技术的不断进步还在不断拓展全新的应用领域。我们有理由相信,AI短视频将在未来发挥更加重要的作用。

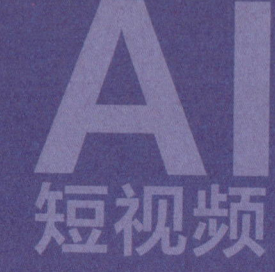

1.6 AI短视频如何进行商业变现

随着人工智能技术的不断进步，AI短视频在内容生成、个性化推荐和用户体验优化等方面展现出巨大优势。这不仅能吸引大量观众，还能通过精准营销和广告投放实现盈利。然而，要实现商业变现，还需解决版权、内容质量、用户隐私等挑战。随着技术的不断完善和市场的逐步成熟，AI短视频有望在未来成为数字经济的重要增长点。现阶段它作为一种内容形式，主要还是依托短视频平台来进行商业变现，具有以下几种途径。

1 广告变现

这是短视频最常见也最直接的变现方式。当短视频创作者拥有一定数量的粉丝后，就可以通过植入广告的方式实现变现。AI短视频也同样可以采用这种方式。并且，基于AI算法的精准广告投放，可以确保植入的广告内容以及植入位置更加符合用户的兴趣和需求，从而提高广告效果和转化率。

2 付费课程

创作者可以将自己在某一领域的专业知识或独特见解利用AI工具制作成短视频课程，供用户付费学习。AI短视频可以通过对大数据的分析和各种技术的应用，制作用户更加感兴趣的课程内容。

3 虚拟礼物与打赏

在短视频平台上，用户可以通过购买虚拟礼物或直接打赏的方式支持自己喜欢的创作者。这是一种基于粉丝经济的变现方式，能够激励创作者持续产出高质量的内容。

4 电商带货

AI短视频与电商的结合已经成为一种大的趋势。创作者可以通过在短视频中展示商品的特点和用途，吸引用户购买，从而赚取佣金。AI技术可以帮助创作者达成更精准的商品推荐和购买转化，提高电商带货的效果。

5 品牌合作与推广

当AI短视频的创作者在某一领域具有一定的影响力时，可以吸引品牌与其进行合作。这种合作可以是品牌赞助、定制内容、线下活动等多种形式。通过与品牌合作，创作者可以获得一定的经济收益，同时提升自己作品的价值和影响力。

6 数据分析与服务

基于AI技术的短视频平台可以收集和分析大量的用户数据，包括观看习惯、兴趣偏好等。这些数据对于创作者和市场研究机构来说具有极高的价值。因此，AI短视频平台可以通过提供数据分析服务来实现商业变现。

AI短视频具有多种商业变现途径，随着应用领域越发宽广，未来肯定还会有更多变现途径，创作者可以根据自身特点和市场需求选择合适的变现方式。

第 2 章

AI 短视频生成
前的准备工作

2.1 选题与构思

选题与构思作为AI短视频创作流程的第一步,具有至关重要的地位。这一步不仅为整个短视频制作过程确定了基调,还能直接影响短视频的传播效果和观众反馈。下面将详细探讨选题与构思的重要性及具体实施的步骤。

2.1.1 选题与构思的重要性

1 明确方向

选题与构思为整个短视频制作过程提供了明确的方向和指导。这样团队成员可以更加高效地协同工作,避免创作过程中的偏离和浪费。

2 吸引观众

一个好的选题能够瞬间抓住观众的兴趣点,激发其观看欲望,从而更容易获得良好的点击率和观看率。

3 提升竞争力

在短视频市场中,观众面临的选择非常多,独特的选题和构思能够使短视频在竞争中脱颖而出,吸引更多的关注和分享。

2.1.2 具体的实施步骤

1 确定主题

短视频的主题可以是某一特定事件、热点话题或新产品推广。创作者应确保主题具有吸引力和价值,以此引起观众对其进行关注的兴趣。

2 制订计划

确定主题后,创作者应根据主题制订一个详细的计划。这个计划应包括短视频的时长、所需素材、镜头语言、配乐等内容。同时,创作者还需考虑如何将主题融入整个短视频中,确保内容的连贯性和逻辑性。

2.1.3 注意事项

1 保持创新

在选题与构思的过程中,要勇于尝试新的创意和角度,避免与市场上其他短视频过于雷同,因为创新是吸引观众的关键因素。

2 紧扣主题

在制订计划的过程中,要时刻紧扣主题,避免偏离。确保每个镜头、每段文字都与主题相关,从而保证短视频的连贯性和一致性。

3 简洁明了

短视频的特点是简短精悍。在选题与构思时就要注意保证内容的简洁明了,避免过于复杂或冗长,尽量使用最简洁的语言和画面传达主题。

4 注重审美

在选题与构思的过程中,要注重考虑画面的美感和视觉效果。通过对短视频画面美学风格的把握,合理考虑画面视觉语言的统一、色彩搭配、音乐选择和剪辑手法，使之最终能够营造出令人愉悦的视觉体验。

5 情感共鸣

在选题与构思的过程中，要尝试找到与观众情感共鸣的点，这有助于提升观众的满意度和传播效果。

总体来说，选题与构思在AI短视频创作流程中具有至关重要的作用。通过对保持创新、紧扣主题、简洁明了、注重审美以及情感共鸣等注意事项的把握，能够为后续的创作提供明确的方向和质量保障，在吸引观众的同时提升短视频的传播力和影响力。

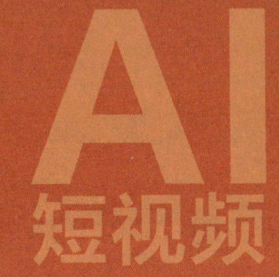

2.2 收集素材

在AI短视频制作过程中,素材的收集是一个至关重要的环节。素材是构成短视频的基础,收集到高质量的素材,可以为后续的制作过程打下坚实的基础。以下是一些收集素材的方法,并举例说明。

 实地拍摄

实地拍摄是收集素材最直接的方式。创作者可以通过使用摄像机或手机等设备,实地拍摄所需的画面、场景或人物。例如,要制作一个介绍旅游风光的短视频,可以前往风景名胜区进行实地拍摄,捕捉那里的自然风光和人文景观,如图2-1所示。

第 2 章　AI 短视频生成前的准备工作

图2-1

2　网络搜索

网络上拥有丰富的视频、图片和音频素材。通过搜索引擎或专门的素材网站，创作者可以找到许多与主题相关的素材。例如，要制作一个关于动物的教育科普类短视频（需注意版权问题），可以在网络上搜索各种动物的图片和视频素材，如图2-2所示，以展示动物的外貌、习性等特点。

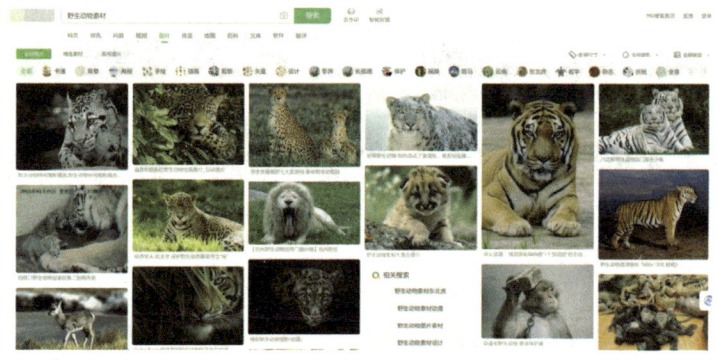

图2-2

3 查找音效

音效是短视频中不可或缺的一部分，能够增强短视频的氛围和情感表达。创作者可以通过音效库或在线音效平台查找所需的音效（需注意版权问题）。例如，为了营造紧张氛围，可以查找与"心跳""急促呼吸"等相关的音效。

4 原创制作

如果需要在短视频中展示独特的内容或观点，创作者可以自己制作素材，如手绘动画、文字演绎、实拍短片等。通过原创制作，创作者能够在作品中更好地表达自己的意图和风格，如图2-3所示。

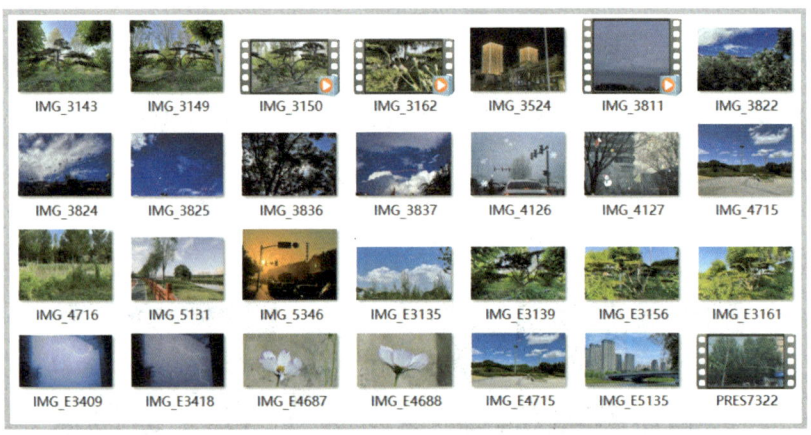

图2-3

5 授权素材

有些版权方可能会提供素材的授权使用，但是需要确保素材的合法性和安全性。创作者在选择使用授权素材时，要仔细阅读授权协议，避免出现版权或其他方面的问题。

总之，在AI短视频制作过程中，可以根据实际需要选择合适的素材收集方法。通过多种途径获取高质量的素材，能够为后续的制作过程提供丰富的资源，有助于制作出更具吸引力和表现力的短视频作品。

2.3 创作文案

文案在AI短视频创作中,有着极其重要的作用,它不仅是传达短视频主题和吸引观众注意力的主要手段,还能影响短视频的整体质量和观感。文案应该准确明晰地表达出短视频的核心信息,富有创意和吸引力的文案还能增强短视频的共鸣效果,使观众对短视频内容产生浓厚兴趣,使其在众多短视频中脱颖而出。

2.3.1 文案的作用

文案的具体作用包括以下内容。

1 信息传达

文案是短视频中传达信息的主要手段之一。通过文字的描述和解释，可以使观众更好地理解短视频的内容和主题。同时，文案还可以为短视频提供背景介绍和情境设定，帮助观众更好地进入观看状态。例如：揭秘古老工艺，带你走进匠人世界。

2 吸引观众

优秀的文案能够吸引观众的注意力，引导他们持续性地观看短视频。通过创造引人入胜的悬念、使用风格独特的语言方式，激发观众的观看兴趣和深入了解的好奇心，从而提高视频的点击率和观看率。例如：改变你生活的秘密即将揭晓！

3 增强视频质量

文案可以增强短视频的视觉效果，营造出独特的氛围和情感。通过与画面、音乐等元素的配合，文案能够使短视频更加生动、形象，提高观众的观看体验和满意度。例如：在这静谧的夜晚，让音乐与文字带你穿越时光。

4 建立品牌形象

好的文案还能够树立品牌形象，传达出特定的品牌价值观和特点。通过在短视频中反复使用特定的语言风格和标志性口号等，可以强化品牌印象，提高观众对品牌的认知度和好感度。例如：品质生活，从选择××开始。

2.3.2 创作文案的注意事项

创作文案的注意事项包括以下内容。

1 简洁明确

在撰写文案时，要力求简洁明了，避免冗长和复杂的表达。创作者要尽量用简短、精炼的文字传达信息，避免让观众感到无聊或困惑。例如：一键美颜，轻松变美！

2 与短视频内容相符

文案要与短视频呈现的内容相符，避免夸大其词或虚假宣传。创作者应确保文案与短视频中的画面、音乐等元素相协调，营造出真实的氛围和情感。例如：海边日出，浪漫启程（与短视频中海边日出的画面相配）。

3 富有创意

好的文案不仅要传达信息，还要有一定的创意和吸引力。创作者可以尝试使用新颖、幽默的语言表达方式或提出独特的观点和见解，让文案更具吸引力和观赏性。例如：猫失业了，我家的狗是捕鼠高手！

4 避免使用不当语言

在撰写文案时，要注意避免使用不当的语言或措辞。例如，要尊重观众的文化背景和价值观，避免冒犯或引起争议。同时，也要避免使用过于专业或难以理解的术语，以免影响观众的观看体验。例如："非专业人士误入"可改为"这里适合所有感兴趣的人"。

5 与目标受众匹配

针对不同的目标受众，要使用不同的语言风格和表达方式。创作者要了解目标受众的兴趣、需求和特点，用他们易于接受和理解的方式传达信息，以增强短视频的传播效果和影响力。例如：潮流新风尚，就等你来引领（针对年轻群体）。

总之，在AI短视频的创作过程中，文案具有非常重要的作用和功能。通过简洁明了、创意十足、与视频内容相符、尊重观众以及与目标受众匹配的文案，可以更好地传达信息、吸引观众以及建立品牌形象。因此，在制作短视频时，要重视文案的撰写和编辑工作，以提高短视频的质量和影响力。

2.3.3 AI生成短视频文案的方法

确定文案目标受众的年龄、性别、职业、兴趣等方面的特征，将有助于AI工具更好地理解需求目标，从而生成更符合要求的文案。我们可以用如今市面上的许多AI工具来生成脚本。这里我们用文心一言来举例。

文心一言是百度公司搭建的人工智能大语言模型，具备文学创作、商业文案创作、数理逻辑推算、中文理解和多模态生成等功能。文心一言可以从海量的数据中总结出有价值的信息，对用户的问题做出合理的解答，它是帮助用户提升学习、工作和生活效率的强大助手。

打开浏览器，在搜索栏中输入网页地址"https://yiyan.baidu.com"即可进入文心一言官方主页，如图2-4所示。用文心一言生成短视频文案的具体步骤如下。

第 2 章　AI 短视频生成前的准备工作

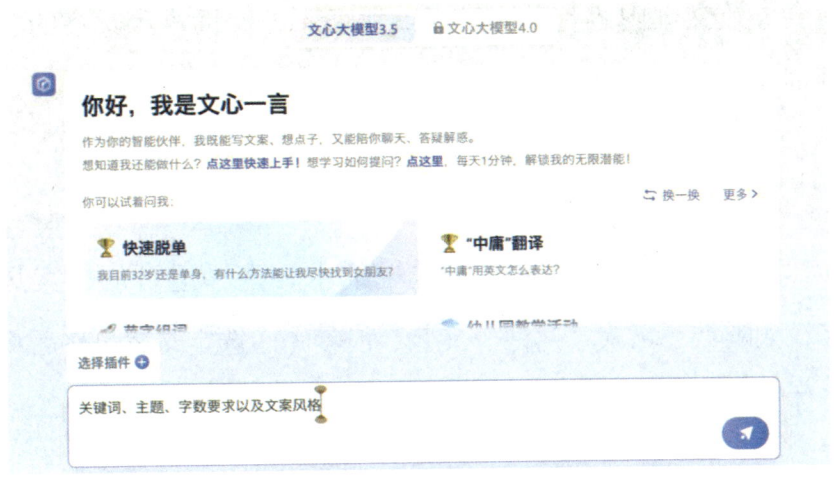

图2-4

1 输入关键词和字数要求

根据之前选题和构思的结果，在对话框中输入相关的关键词和字数要求，如按"产品名称、品牌口号、营销目标等+字数要求"这样的格式输入相关内容。这将有助于文心一言更好地理解我们的需求，并生成符合使用要求的文案。

在运用文心一言生成AI短视频文案的过程中，关键词的作用非常重要。关键词可以帮助文心一言更好地理解目标受众和营销目标，从而生成更加符合需求和更高质量的短视频文案。同时，关键词还可以提高短视频文案的搜索排名和曝光率，吸引更多的潜在受众点击和观看。

在设定关键词时，要避免过度优化和堆砌。过度优化可能会导致文案内容与实际产品或服务不符，而堆砌过多的关键词则可能会影响用户体验和文案在搜索引擎上的排名。

② 选择文案风格

根据目标受众的喜好和选题需求，选择适合的文案风格，如幽默、正式、感性、文艺、浪漫等。选定文案风格后将具体需求通过对话框输入给文心一言，确保用词直接准确。

③ 生成文案

点击对话框右下角的发送按钮，等待几秒钟，文心一言将自动生成符合要求的文案。

待文心一言生成文案后，如果觉得不满意，可以选择文案左下角的"重新生成"按钮，如图2-5所示，生成新的文章。如果符合创作要求，可以点击文案右下角的"复制内容"按钮，将文案复制下来备用。

图2-5

④ 调整优化

如果重新生成的文案仍然不符合预期，可以根据实际需求给出更详细的创作要求并添加调整方案，如按"关键词、主题、字数要求以及文案风格+修改用词、调整句子结构、增加图片等"的格式在对话框中输入相关内容,再点击对话框右下角的发送按钮,让文心一言对生成的文案进行适当的调整和优化。

例如,我们对短视频文案的要求为"瑜伽垫、女士、优点、宣传文案、200字",需要将其描述得更为细致,可以在对话框中输入"书写一篇短视频文案,请描述瑜伽垫在女士健身中起到的作用,用于产品宣传,产品多色可选,200字",点击发送按钮,文心一言生成结果如图2-6所示。

生成后发现本文案缺少条理,我们需要添加更明确的细节要求,以达到在实际应用中的最优选,确保文案与主题相符、形容准确、语言通顺、具有吸引力。我们可以点击文心一言回答内容右上角的"编辑问题"图标,对提问内容重新进行编辑。这里我们可以将其改为"编写一篇短视频文案,请描述瑜伽垫在女士健身中起到的作用及优势,产品多色可选择;本文案用于产品的宣传,20秒视频,要求条理清晰,简洁明确,逐条书写,200字",点击发送按钮,文心一言生成结果如图2-7所示。

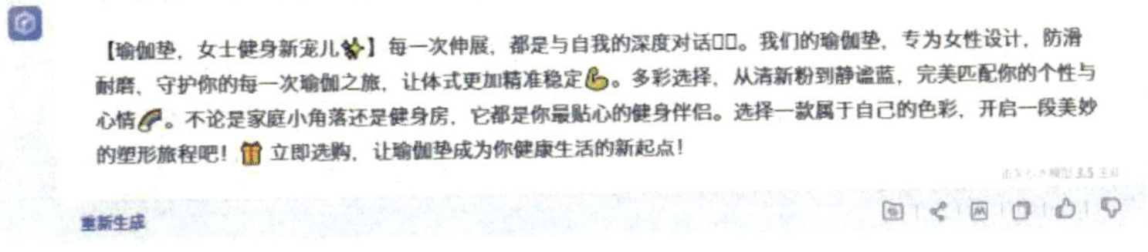

图2-6

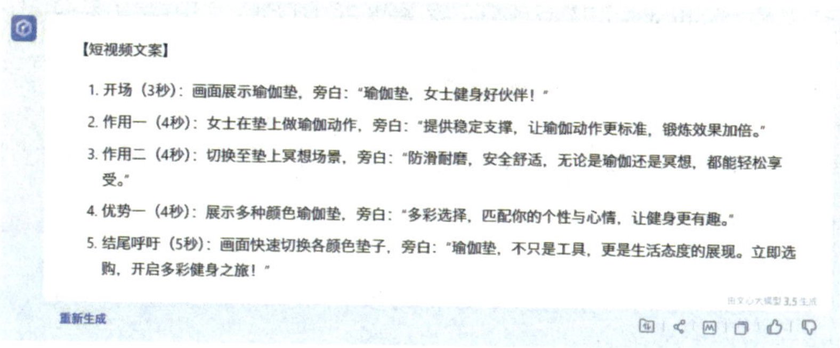

图2-7

需要注意的是，文心一言生成文案虽然具有一定的智能性和自动化程度，但仍需要人工审核和调整优化，以确保文案的质量和效果。同时，也需要根据实际情况不断调整和优化关键词或主题及文案风格等，以获得更好的效果。

2.3.4 关键词设定技巧

在运用AI工具生成短视频文案的过程中，关键词的设定对于生成文案的差异有着至关重要的影响。不同的关键词会引导AI工具生成不同类型的文案，从而适应不同的需求和场景。下面将通过举例说明不同关键词生成文案的差异，探讨关键词设定的技巧。

1 商品关键词

商品关键词是指与具体产品相关的词汇或短语，如品牌名称、产品名称、型号等。这些关键词主要用于宣传和推广特定产品，吸引潜在客户的注意力。例如，如果商品关键词是"苹果""iPhone"，AI工具可能会生成与苹果手机相关的文案，突出产品的特点和优势。这样的文案能够吸引对苹果产品感兴趣的消费者，从而提高产品的知名度和销量。

② 行动关键词

行动关键词是指能够激发观众行动的词汇或短语，如"购买""使用""尝试"等。这些关键词主要用于引导观众采取行动，促进销售和转化。例如，如果行动关键词是"购买""享受优惠"，AI工具可能会生成一些促销文案，鼓励观众抓住优惠机会购买产品。这样的文案能够激发观众的购买欲望，提高销售转化率。

③ 品牌关键词

品牌关键词是指与品牌形象和价值观相关的词汇或短语，如"品质""创新""服务"等。这些关键词主要用于塑造品牌形象，传递品牌价值观和理念。例如，如果品牌关键词是"品质""信任"，AI工具可能会生成一些强调产品品质和客户信任度的文案，树立品牌的良好形象。这样的文案能够增强观众对品牌的信任感和忠实度。

4 知识类关键词

知识类关键词是指与知识、信息相关的词汇或短语，如"如何""为什么""教程"等。这些关键词主要用于传递知识和信息，帮助观众解决问题或获取知识。例如，如果知识类关键词是"如何选择""辨别真假"，AI工具可能会生成一些关于如何选择产品或辨别真假的文案，提供实用的指导和建议。这样的文案能够满足观众对知识和信息的需求，提高他们的满意度和信任度。

在设定关键词时，需要根据短视频的时长要求、产品特点、目标受众和市场环境等因素进行综合考虑，以便生成更具针对性和吸引力的短视频文案。同时，还需要注意关键词的准确性和相关性，确保文案能够有效地传达信息和引导观众采取行动。

2.4 设计脚本

AI短视频脚本设计与传统短视频脚本设计在多个方面存在显著区别。下面通过具体案例来说明这些区别。

假设我们要制作一个关于"智能家居"的短视频,目的是展示智能家居产品的便捷性和智能化。

1 传统短视频脚本设计

在传统短视频脚本设计中,创作者通常会遵循以下步骤。

①明确主题与目的:确定短视频主题为"智能家居",目的是展示产品的便捷性和智能化。

②划分段落与场景:将短视频内容划分为多个段落,如

介绍智能家居产品、展示产品功能、分享用户体验等。

③设计台词与动作：编写简洁明了的台词，设计生动有趣的动作，以吸引观众注意力。

④添加音效与配乐：选择与短视频内容和情感相协调的音效和配乐，增强氛围。

⑤反复修改与完善：完成初稿后，反复修改和完善脚本，确保逻辑清晰、内容连贯。

因此，用传统方式设计的短视频脚本可能是下面这样。

①开头：介绍智能家居产品的品牌和特点。

②中间：逐一展示产品的各项功能，如语音控制、远程控制等，并通过用户演示来展示产品的便捷性。

③结尾：总结产品的优点，呼吁观众购买。

2 AI短视频脚本设计

在AI短视频脚本设计过程中，AI工具可以辅助或完全替代部分传统脚本设计过程。以下是AI短视频脚本设计的一些特点。

①创意激发与构思：AI工具可以通过分析大量的历史数据、用户偏好和流行趋势，提供创作灵感和脚本构思的建议。例如，AI工具可以推荐不同的创意方向、情节安排和角色设定。

②自动化生成脚本：创作者只需要提供简单的背景信息、主题和目标受众等基本要素，AI工具就能根据这些输入内容生成符合需求的短视频脚本。

③情感优化与反馈：AI工具可以通过情感分析技术，帮助创作者调整脚本中的情感表达，使脚本更加富有感染力。同时，AI工具还能根据观众的反馈数据和观看习惯，提出针对性的优化意见。

因此，利用AI工具设计的"智能家居"短视频脚本可能如图2-8所示。

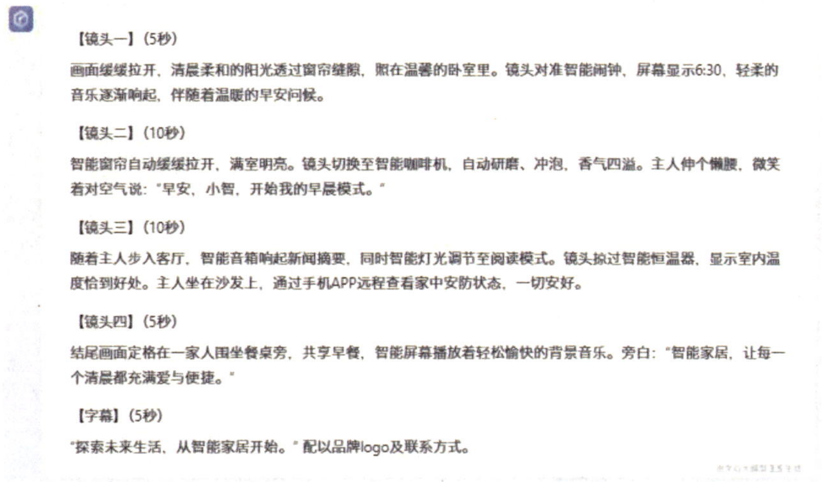

【镜头一】（5秒）
画面缓缓拉开，清晨柔和的阳光透过窗帘缝隙，照在温馨的卧室里。镜头对准智能闹钟，屏幕显示6:30，轻柔的音乐逐渐响起，伴随着温暖的早安问候。

【镜头二】（10秒）
智能窗帘自动缓缓拉开，满室明亮。镜头切换至智能咖啡机，自动研磨、冲泡，香气四溢。主人伸个懒腰，微笑着对空气说："早安，小智，开始我的早晨模式。"

【镜头三】（10秒）
随着主人步入客厅，智能音箱响起新闻摘要，同时智能灯光调节至阅读模式。镜头掠过智能恒温器，显示室内温度恰到好处。主人坐在沙发上，通过手机APP远程查看家中安防状态，一切安好。

【镜头四】（5秒）
结尾画面定格在一家人围坐餐桌旁，共享早餐，智能屏幕播放着轻松愉快的背景音乐。旁白："智能家居，让每一个清晨都充满爱与便捷。"

【字幕】（5秒）
"探索未来生活，从智能家居开始。"配以品牌logo及联系方式。

图2-8

3 区别总结

①创意与构思：传统脚本设计依赖于创作者的灵感和经验，而AI脚本设计则可以通过分析大数据和流行趋势来提供

创意和构思上的建议。

②生成效率：传统脚本设计需要创作者花费大量时间和精力来编写和修改，而AI脚本设计则可以快速生成多个版本的脚本，供创作者选择和优化。

③情感优化：传统脚本设计在情感表达上可能依赖于创作者的直觉和经验，而AI脚本设计则可以通过情感分析技术来优化脚本中的情感表达。

通过以上案例和分析，我们可以看到AI短视频脚本设计与传统短视频脚本设计在创意与构思、生成效率和情感优化等方面存在显著区别。这些区别使得AI短视频脚本设计在短视频创作中具有独特的优势，能够帮助创作者快速生成高质量、富有吸引力的短视频内容。

2.5 创作标题

1 AI短视频标题创作注意事项

在创作AI短视频标题时，注意以下几个方面，以确保标题既吸引人又符合规范。

（1）突出主题、简短明了

标题应直接反映短视频的核心内容和主题，使观众一眼就能明白短视频的重点。同时，标题字数应简短易懂，避免冗长和复杂的表达，便于观众快速阅读和理解。

（2）关键词运用

在标题中合理使用关键词，有助于提升短视频的搜索排名，吸引潜在客户。但需注意，关键词的使用应自然流畅，避免堆砌。

(3) 创新性

创新性的标题能够激发观众的好奇心,提高短视频的点击率。因此,创作者可以尝试使用新颖、有趣、热门的词汇或表达方式,以吸引观众的注意力。

(4) 道德规范与真实性

标题应符合社会道德规范和法律法规,避免出现不良或违法的内容。同时,标题应真实地反映短视频的内容和主题,避免虚假或夸大的描述,以免误导观众或损害创作者的声誉。

(5) 避免侵权

在创作标题时,应尊重他人的知识产权和名誉权等合法权益,避免使用可能引起纠纷的词汇或表达方式。

(6) 与短视频内容相符

标题应与短视频内容紧密相关,避免出现与内容脱节或误导观众的情况。一个准确的标题能够提升观众的观看体验,增强短视频的吸引力。

❷ 运用文心一言生成AI短视频标题

短视频的标题需要给观众提供清晰明确的引导。当我们明确了短视频主题和目的后,需要提取文案中的关键词,结合功能、风格、领域、字数等要求,输入文心一言的对话框中，使其生成短视频标题。这些关键词可以是产品名称、品牌名称、行业术语、流行语等。生成后还需要在几个标题中进行筛选和修改。

例如，在文心一言的对话框中输入关键词："生成标题、瑜伽垫、高密度发泡、健康舒适、10~15字"，点击发送按钮，文心一言生成标题如图2-9所示。我们可以对生成的五个标题进行筛选和修改，确保标题与短视频内容相符，具有吸引力和可读性。

1. "健康瑜伽，从选择这款垫开始"
2. "防滑抗皱，让瑜伽更自在"
3. "环保材质，健康与大自然同行"
4. "高密度发泡，舒适倒立支撑"
5. "连接自然，感受内心的平静与喜悦"

图2-9

又如，为一段介绍瑜伽垫的短视频生成标题。短视频创作者将主题设为"瑜伽垫的选择和使用"，于是文心一言生成了如图2-10所示的一系列标题。短视频创作者认为需要在"瑜伽垫的选择和使用"这一主题之上突出瑜伽垫的颜色特点，并添加了该关键词，于是文心一言生成了如图2-11所示的一系列标题。

1. "瑜伽垫：选择与使用的重要一步"
2. "找到最适合你的瑜伽垫"
3. "瑜伽垫的材质与健康：你需要知道的一切"
4. "瑜伽垫的正确使用方式"
5. "瑜伽垫的清洁与保养：如何延长其寿命"
6. "选择瑜伽垫：从初学者到进阶者的指南"
7. "瑜伽垫：功能性、舒适性与环保性的完美结合"
8. "正确使用瑜伽垫，提升你的瑜伽旅程"
9. "瑜伽垫：选择、使用与清洁的全方位指南"
10. "选择最适合你的瑜伽垫：从材质到厚度的一切"
11. "如何挑选和使用你的瑜伽垫"
12. "瑜伽垫：环保、舒适与功能性的最佳选择"
13. "使用瑜伽垫，让你的瑜伽更上一层楼"
14. "从材质到厚度，了解你的瑜伽垫"
15. "瑜伽垫：最佳选择，让你的瑜伽生活更美好"

图2-10

以下是十五个可能的不同标题，它们突出了瑜伽垫的颜色特点：

1. "彩虹瑜伽垫：色彩与健康的完美结合"
2. "色彩心理学与瑜伽垫：如何选择最适合你的颜色"
3. "七彩瑜伽垫：让你的瑜伽之旅更添色彩"
4. "瑜伽垫颜色代表什么？健康与心灵的密码"
5. "颜色缤纷的瑜伽垫：如何选择你的'能量色彩'？"
6. "瑜伽垫的色彩世界：从热情红到冷静蓝，你选对了吗？"
7. "瑜伽垫的色彩趋势：今年流行什么色？"
8. "瑜伽垫的色彩与情感：如何通过颜色找到平衡？"
9. "选择合适的瑜伽垫颜色：健康、快乐与自信的开始"
10. "瑜伽垫的色彩解码：你选的颜色真的适合你吗？"
11. "瑜伽垫的色彩盛宴：哪种颜色最能激发你的活力？"
12. "用颜色解读瑜伽垫：你选择的颜色藏着什么秘密？"
13. "瑜伽垫的颜色宇宙：探索每一种颜色的能量"
14. "找到你的瑜伽垫颜色：是时候释放你的'内在色彩'"
15. "瑜伽垫的色彩与情感之旅：让每一次练习都充满激情"

图2-11

第 3 章

AI 生成文案、脚本和标题案例分析

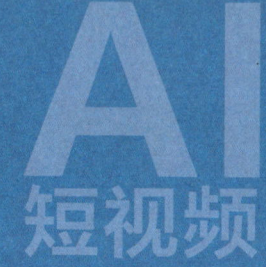

科学探密类短视频文案、脚本和标题

科学探密类短视频，旨在以精炼、生动的语言，引领观众踏入未知的科学世界，揭示自然现象背后的奥秘，激发公众对科学的好奇心与探索欲。

科学探密类短视频通过巧妙的故事讲述、直观的实验演示或引人入胜的科普讲解，将复杂的科学原理转化为易于理解的信息，不仅普及了科学知识，还培养了人们的科学思维和解决问题的能力，促进了社会整体科学素养的提升。

第 3 章　AI 生成文案、脚本和标题案例分析

1　生成文案

在文心一言的对话框中输入对文案的要求，如输入"科学探密类短视频是指揭秘科学奥秘，简短生动展现科学实验与原理的视频内容。请提供科学探密类短视频文案文本，300字，内容生动"，点击发送按钮，文心一言生成内容如图3-1所示。

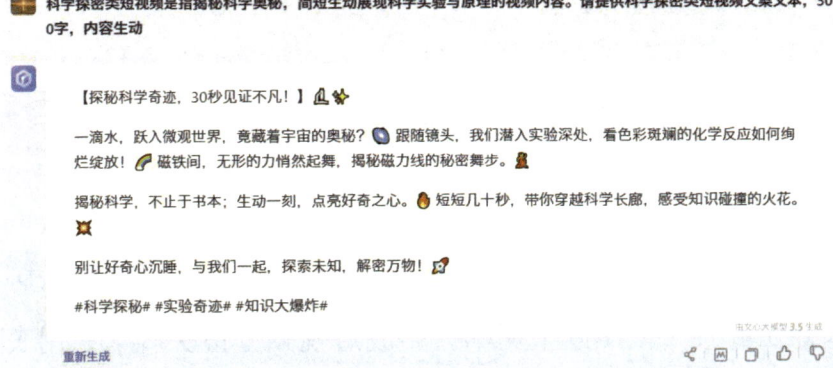

图3-1

2　修改文案

针对文心一言生成的内容提出修改意见，如输入"增加一些具体的例子"，让文心一言生成更有使用价值的文案，如图3-2所示。

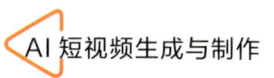

图3-2

3 生成脚本

让文心一言根据其修改后的文案生成短视频分镜头脚本，如输入"依照以上文案，生成短视频分镜头脚本，用表格的形式呈现以下内容：分镜头序号、景别、画面描述、对话台词（越详细越好）、背景音乐"，点击发送按钮，文心一言生成内容如图3-3所示，因文心一言显示限制文字无法完全展示，全部内容展开如图3-4所示。

第 3 章　AI 生成文案、脚本和标题案例分析

依照以上文案，生成短视频分镜头脚本，用表格的形式呈现以下内容：分镜头序号、景别、画面描述、对话台词（越详细越好）、背景音乐

分镜头序号	景别	画面描述	对话台词
1	特写	一滴水滴落在透明的玻璃片上，镜头缓缓推进，水滴逐渐放大，展现其内部的分子结构	（无声，配以水滴落下的音效）
2	近景	实验室中，科学家手持滴管，将一种透明液体滴入另一试管中，试管内液体瞬间变为紫色	科学家（旁白）："看，这就是化力。"
3	中景	镜头拉远，展示两块磁铁缓缓靠近，随着距离的缩短，它们开始旋转、吸引	（无声，仅磁铁吸引的轻微声音）
4	广角	实验室全景，展示各种实验器材和忙碌的科学家们，营造出一种科学探索的氛围	（无声，但可加入轻微的实验室音）
5	特写	回到水滴的特写，但此时画面快速切换，展示多个科学实验的精彩瞬间：燃烧的火焰、爆炸的气泡、旋转的陀螺等	（快速剪辑，无声）
6	近景	科学家微笑面对镜头，手中拿着实验报告，眼中闪烁着对科学的热爱	科学家（旁白）："科学，就是不求知的过程。"
7	结尾画面	实验室夜景，窗外星光点点，与实验室内的灯光交相辉映，寓意着科学探索与宇宙的连接	（无声，仅留背景音乐）

图3-3

4　生成标题

通过文案回流，文心一言会生成符合文案主题的标题，如输入"依照以上文案和脚本，写出3个短视频标题，并添加标签"，点击发送按钮，文心一言生成内容如图3-5所示。

分镜头序号	景别	画面描述	对话台词	背景音乐
1	特写	一滴水滴落在透明的玻璃片上,镜头缓缓推进,水滴逐渐放大,展现其内部的分子结构	(无声,配以水滴落下的音效)	轻柔的电子音乐,带有一点科幻感
2	近景	实验室中,科学家手持滴管,将一种透明液体滴入另一试管中,试管内液体瞬间变为紫色	科学家(旁白):"看,这就是化学的魔力。"	节奏稍快的鼓点,带有探索的兴奋感
3	中景	镜头拉远,展示两块磁铁缓缓靠近,随着距离的缩短,它们开始旋转、吸引	(无声,仅磁铁吸引的轻微声音)	神秘而悠扬的旋律,带有一种磁场的吸引力
4	广角	实验室全景,展示各种实验器材和忙碌的科学家们,营造出一种科学探索的氛围	(无声,但可加入轻微的实验室背景音)	渐强的交响乐,表达科学探索的壮阔与伟大
5	特写	回到水滴的特写,但此时画面快速切换,展示多个科学实验的精彩瞬间:燃烧的火焰、爆炸的气泡、旋转的陀螺等	(快速剪辑,无声)	快节奏的电子音乐,配合快速切换的画面
6	近景	科学家微笑面对镜头,手中拿着实验报告,眼中闪烁着对科学的热爱	科学家(旁白):"科学,就是不断探索未知的过程。"	温暖而鼓舞人心的旋律,传递出科学的正能量
7	结尾画面	实验室夜景,窗外星光点点,与实验室内的灯光交相辉映,寓意着科学探索与宇宙的连接	(无声,仅留背景音乐)	柔和的钢琴曲,带有一种宁静与深邃的感觉,为视频画上完美的句号

图3-4

依照以上文案和脚本,写出3个短视频标题,并添加标签。

1. 标题:《微观宇宙:一滴水的科学奇幻之旅》
   - 标签:#科学探索 #微观世界 #化学魔法
2. 标题:《磁力的秘密舞蹈:揭秘无形之力的奥秘》
   - 标签:#物理实验 #磁场之谜 #科学奇观
3. 标题:《实验室里的奇迹时刻:见证科学的不凡力量》
   - 标签:#科学实验 #知识大爆炸 #探索未知

重新生成

图3-5

3.2 教程演示类短视频文案、脚本和标题

教程演示类短视频，旨在快速吸引观众兴趣，并教授给观众某种技能、解决某个问题的方法或展示某种操作流程。它通过精炼的文字与画面的结合，促进观众点击观看并跟随学习。

教程演示类短视频的文案的作用在于提高短视频曝光度，增强内容吸引力，确保信息传递的高效与准确，最终促进知识的传播。

1 生成文案

在文心一言的对话框中输入对文案的要求，如输入"教程演示类短视频是指通过短视频平台，以视频为媒介，详细展示并讲解某种技能、知识或操作过程的视频内容。请提供教程演示类短视频文案文本，300字，内容生动"，点击发送按钮，文心一言生成内容如图3-6所示。

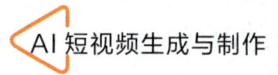

图3-6

2 修改文案

针对文心一言生成的内容提出修改意见，如输入"增加一些具体的步骤演示"，让文心一言生成更有使用价值的文案，如图3-7所示。

第 3 章 AI 生成文案、脚本和标题案例分析

> 增加一些具体的步骤演示

【抹茶千层大揭秘!】🍵🍰

甜品控们，准备好迎接一场味蕾盛宴了吗？今天，我们就一步步揭秘超人气抹茶千层的制作秘籍！🔍

第一步：面糊调制——鸡蛋与牛奶轻轻搅拌，筛入低筋面粉和抹茶粉，Z字形搅拌至无颗粒，顺滑如绸缎，一抹翠绿，赏心悦目！

第二步：饼皮煎制——小火预热平底锅，一勺面糊轻轻旋转，均匀铺满锅底，静待几秒，边缘微翘即可翻面，金黄与翠绿交织，饼皮完成！

第三步：抹茶奶油——淡奶油加糖打发至绵密，缓缓倒入抹茶粉，继续搅拌，直到颜色均匀，口感细腻，清新抹茶香四溢！

第四步：层层堆叠——饼皮冷却后，涂上厚厚一层抹茶奶油，一层层叠加，每一次按压都是对美味的期待，直到小山堆起，绿意盎然！

第五步：冷藏定型——放入冰箱冷藏几小时，让奶油与饼皮完美融合，切下一块，层次分明，清新不腻，抹茶千层的魅力无法抵挡！

快来动手尝试，让你的甜品桌多一份清新绿意吧！🍃🍰

#抹茶千层DIY #烘焙小技巧 #甜品大师之路

图3-7

3 生成脚本

让文心一言根据其修改后的文案生成短视频分镜头脚本，如输入"依照以上文案，生成短视频分镜头脚本，用表格的形式呈现以下内容：分镜头序号、景别、画面描述、对话台词（越详细越好）、背景音乐"，点击发送按钮，文心一言生成内容如图3-8所示，因文心一言显示限制文字无法完全展示，全部内容展开如图3-9所示。

依照以上文案，生成短视频分镜头脚本，用表格的形式呈现以下内容：分镜头序号、景别、画面描述、对话台词（越详细越好）、背景音乐

分镜头序号	景别	画面描述	对话台词
1	近景	镜头对准准备好的食材：鸡蛋、牛奶、低筋面粉、抹茶粉、淡奶油、糖等，逐一展示。	旁白（温暖女声）："甜品控们，准备迎接一场味蕾盛宴了吗？今天，我们一起来制作超人气抹茶千层！"
2	中景	展示搅拌面糊的过程，鸡蛋与牛奶混合，筛入低筋面粉和抹茶粉，Z字形搅拌。	旁白："首先，面糊调制——鸡蛋与牛奶轻轻搅拌，筛入低筋面粉和抹茶粉，Z字形搅拌至无颗粒，顺滑如绸缎。"
3	特写	镜头聚焦面糊，呈现其翠绿顺滑的质感。	旁白："一抹翠绿，赏心悦目！"
4	近景	平底锅小火预热，一勺面糊倒入，旋转铺满锅底，等待饼皮成型。	旁白："第二步，饼皮煎制——小火加热平底锅，一勺面糊轻轻旋转，均匀满锅底。"
5	近景	饼皮边缘微翘，用铲子翻面，展示两面金黄的饼皮。	旁白："静待几秒，边缘微翘即可翻面，金黄与翠绿交织，饼皮完成！"
6	近景	淡奶油加糖打发，缓缓倒入抹茶粉，继续搅拌。	旁白："第三步，抹茶奶油——淡奶油加糖打发至绵密，缓缓倒入抹茶粉，继续搅拌。"
7	特写	展示搅拌好的抹茶奶油，颜色均匀，口感细腻。	旁白："直到颜色均匀，口感细腻，清新抹茶香四溢。"
8	中景	展示饼皮冷却后，涂上抹茶奶油，层层叠加的过程。	旁白："第四步，层层堆叠——饼皮冷却后，涂上厚厚一层抹茶奶油，一层层叠加。"
9	俯拍	镜头从上往下拍摄堆叠好的抹茶千层，小山堆起，绿意盎然。	旁白："每一次按压都是对美味的期待，直到小山堆起，绿意盎然！"
10	近景	展示将抹茶千层放入冰箱冷藏的画面。	旁白："第五步，冷藏定型——放入冰箱冷藏几小时，让奶油与饼皮完美融合。"
11	近景	冷藏后取出，切下一块抹茶千层，展示其层次分明，清新不腻的外观。	旁白："切下一块，层次分明，清新不腻，抹茶千层的魅力无法抵挡！"
12	结尾	镜头拉远，展示整个抹茶千层蛋糕，旁边放置一块切好的蛋糕作为特写。	旁白："快来动手尝试，让你的甜品多一份清新绿意吧！"

图3-8

第 3 章　AI 生成文案、脚本和标题案例分析

序号	景别	画面描述	对话台词	背景音乐
1	近景	镜头对准准备好的食材：鸡蛋、牛奶、低筋面粉、抹茶粉、淡奶油、糖等，逐一展示。	旁白（温暖女声）："甜品控们，准备好迎接一场味蕾盛宴了吗？今天，我们一起来制作超人气抹茶千层！"	轻快的钢琴旋律，带有一点日系风格
2	中景	展示搅拌面糊的过程，鸡蛋与牛奶混合，筛入低筋面粉和抹茶粉，Z字形搅拌。	旁白："首先，面糊调制——鸡蛋与牛奶轻轻搅拌，筛入低筋面粉和抹茶粉，Z字形搅拌至无颗粒，顺滑如绸缎。"	搅拌声效，背景音乐转为轻柔的吉他伴奏
3	特写	镜头聚焦面糊，呈现其翠绿顺滑的质感。	旁白："一抹翠绿，赏心悦目！"	轻柔的音效，背景音乐保持不变
4	近景	平底锅小火预热，一勺面糊倒入，旋转铺满锅底，等待饼皮成型。	旁白："第二步，饼皮煎制——小火预热平底锅，一勺面糊轻轻旋转，均匀铺满锅底。"	轻微的煎烤声效，背景音乐加入轻微的鼓点
5	近景	饼皮边缘微翘，用铲子翻面，展示两面金黄的饼皮。	旁白："静待几秒，边缘微翘即可翻面，金黄与翠绿交织，饼皮完成！"	煎烤声效增强，背景音乐鼓点加快
6	近景	淡奶油加糖打发，缓缓倒入抹茶粉，继续搅拌。	旁白："第三步，抹茶奶油——淡奶油加糖打发至绵密，缓缓倒入抹茶粉，继续搅拌。"	奶油打发声效，背景音乐转为清新的小提琴旋律
7	特写	展示搅拌好的抹茶奶油，颜色均匀，口感细腻。	旁白："直到颜色均匀，口感细腻，清新抹茶香四溢。"	轻柔的音效，背景音乐保持不变
8	中景	展示饼皮冷却后，涂上抹茶奶油，层层叠加的过程。	旁白："第四步，层层堆叠——饼皮冷却后，涂上厚厚一层抹茶奶油，一层层叠加。"	轻柔的音效，背景音乐加入轻柔的钢琴和弦
9	俯拍	镜头从上往下拍摄叠好的抹茶千层，小山堆起，绿意盎然。	旁白："每一次按压都是对美味的期待，直到小山堆起，绿意盎然。"	背景音乐达到高潮，鼓点加强
10	近景	展示将抹茶千层放入冰箱冷藏的画面。	旁白："第五步，冷藏定型——放入冰箱冷藏几小时，让奶油与饼皮完美融合。"	轻柔的音效，背景音乐转为宁静的钢琴曲
11	近景	冷藏后取出，切下一块抹茶千层，展示其层次分明、清新不腻的外观。	旁白："切下一块，层次分明，清新不腻，抹茶千层的魅力无法抵挡！"	背景音乐增强，带有一点欢快的节奏
12	结尾	镜头拉远，展示整个抹茶千层蛋糕，旁边放置一块切好的蛋糕作为特写。	旁白："快来动手尝试，让你的甜品桌多一份清新绿意吧！"	背景音乐渐弱，最后以温馨的旋律结束

图3-9

4 生成标题

通过文案回流,文心一言会生成符合文案主题的标题,如输入"依照以上文案和脚本,写出3个短视频标题,并添加标签",点击发送按钮,文心一言生成内容如图3-10所示。

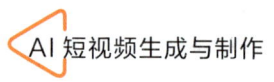

图3-10

品牌营销类短视频文案、脚本和标题

品牌营销类短视频,是指为品牌宣传和推广而精心设计的简短视频,旨在通过生动、有吸引力的语言,结合短视频画面,快速传达品牌理念、产品特性或活动信息,激发目标受众的兴趣与共鸣。

品牌营销类短视频的作用在于:增强品牌识别度,加深消费者对品牌的印象;促进产品或服务销售,引导观看者采取购买行为;建立品牌情感连接,培养用户忠实度;以及传播品牌故事和价值观,塑造品牌形象。简言之,它是品牌与消费者之间情感与信息的桥梁,助力品牌实现市场渗透与增长。

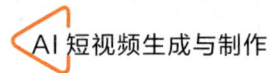

1 生成文案

在文心一言的对话框中输入对文案的要求，如输入"品牌营销类短视频是指通过精炼有趣的短视频内容，展示品牌特色与产品优势，以吸引并促进目标消费者购买行为的营销手段。请提供品牌营销类短视频文案文本，300字，内容生动"，点击发送按钮，文心一言生成内容如图3-11所示。

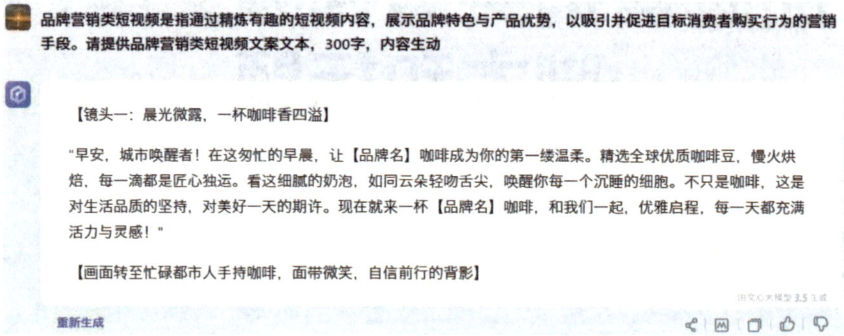

图3-11

2 修改文案

针对文心一言生成的内容提出修改意见，如输入"增加一些具体的例子"，让文心一言生成使用价值更高的文案，如图3-12所示。

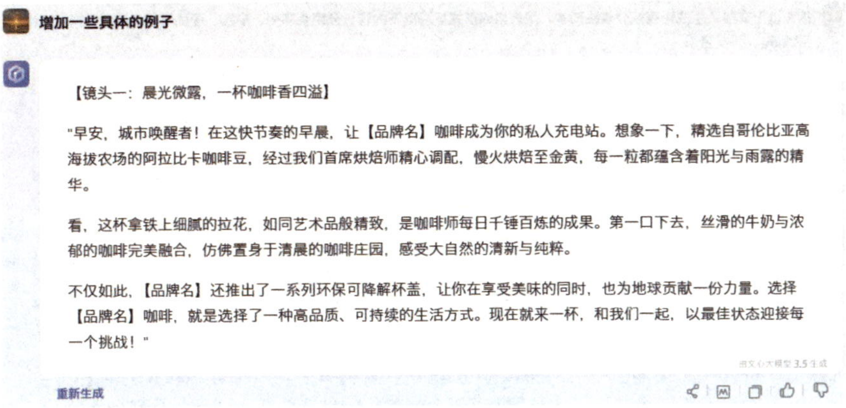

第 3 章　AI 生成文案、脚本和标题案例分析

> 增加一些具体的例子
>
> 【镜头一：晨光微露，一杯咖啡香四溢】
>
> "早安，城市唤醒者！在这快节奏的早晨，让【品牌名】咖啡成为你的私人充电站。想象一下，精选自哥伦比亚高海拔农场的阿拉比卡咖啡豆，经过我们首席烘焙师精心调配，慢火烘焙至金黄，每一粒都蕴含着阳光与雨露的精华。
>
> 看，这杯拿铁上细腻的拉花，如同艺术品般精致，是咖啡师每日千锤百炼的成果。第一口下去，丝滑的牛奶与浓郁的咖啡完美融合，仿佛置身于清晨的咖啡庄园，感受大自然的清新与纯粹。
>
> 不仅如此，【品牌名】还推出了一系列环保可降解杯盖，让你在享受美味的同时，也为地球贡献一份力量。选择【品牌名】咖啡，就是选择了一种高品质、可持续的生活方式。现在就来一杯，和我们一起，以最佳状态迎接每一个挑战！"

图3-12

3　生成脚本

让文心一言根据其修改后的文案生成短视频分镜头脚本，如输入"依照以上文案，生成短视频分镜头脚本，用表格的形式呈现以下内容：分镜头序号、景别、画面描述、对话台词（越详细越好）、背景音乐"，点击发送按钮，文心一言生成内容如图3-13所示，因文心一言显示限制文字无法完全展示，全部内容展开如图3-14所示。

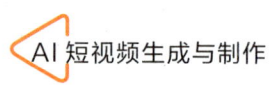

依照以上文案，生成短视频分镜头脚本，用表格的形式呈现以下内容：分镜头序号、景别、画面描述、对话台词（越详细越好）、背景音乐

分镜头序号	景别	画面描述	对话台词
1	远景	清晨的城市，阳光初照，高楼林立，街道逐渐苏醒。	旁白（温暖女声）："早安，城市者！在这快节奏的早晨，让【品咖啡成为你的私人充电站。"
2	近景	展示咖啡豆的特写，来自哥伦比亚高海拔农场的阿拉比卡咖啡豆，色泽饱满。	旁白："精选自哥伦比亚高海拔阿拉比卡咖啡豆，经过我们首席精心调配。"
3	中景	烘焙室内，烘焙师专注地操作着烘焙机，咖啡豆在机器中翻滚，散发出诱人的香气。	旁白："慢火烘焙至金黄，每一粒含着阳光与雨露的精华。"
4	特写	咖啡师在拉花，细腻的奶泡在咖啡表面形成精美的图案。	旁白："看，这杯拿铁上细腻的拉如同艺术品般精致，是咖啡师每百炼的成果。"
5	近景	消费者手捧一杯【品牌名】咖啡，面带微笑，站在窗前眺望城市风景。	旁白："第一口下去，丝滑的牛奶都的咖啡完美融合，仿佛置身于咖啡庄园。"
6	特写	展示【品牌名】环保可降解杯盖的细节，强调品牌的环保理念。	旁白："不仅如此，【品牌名】还一系列环保可降解杯盖，让你在味的同时，也为地球贡献一份力"
7	远景	消费者手持咖啡，自信地走在繁忙的街道上，背景是充满活力的城市景象。	旁白："选择【品牌名】咖啡，择了一种高品质、可持续的生活现在就来一杯，和我们一起，以态迎接每一个挑战！"
8	结尾画面	【品牌名】logo与产品特写交替出现，配以简洁有力的品牌口号。	旁白："【品牌名】咖啡，唤醒你天。"

重新生成

图3-13

第 3 章　AI 生成文案、脚本和标题案例分析

分镜头序号	景别	画面描述	对话台词	背景音乐
1	远景	清晨的城市，阳光初照，高楼林立，街道逐渐苏醒。	旁白（温暖女声）："早安，城市唤醒者！在这快节奏的早晨，让【品牌名】咖啡成为你的私人充电站。"	轻柔的钢琴旋律，带有清晨的宁静与希望
2	近景	展示咖啡豆的特写，来自哥伦比亚高海拔农场的阿拉比卡咖啡豆，色泽饱满。	旁白："精选自哥伦比亚高海拔农场的阿拉比卡咖啡豆，经过我们首席烘焙师精心调配。"	咖啡豆研磨声效，背景音乐转为轻快的爵士鼓点
3	中景	烘焙室内，烘焙师专注地操作着烘焙机，咖啡豆在机器中翻滚，散发出诱人的香气。	旁白："慢火烘焙至金黄，每一粒都蕴含着阳光与雨露的精华。"	烘焙机运转声效，背景音乐加入温暖的弦乐
4	特写	咖啡师在拉花，细腻的奶泡在咖啡表面形成精美的图案。	旁白："看，这杯拿铁上细腻的拉花，如同艺术品般精致，是咖啡师每日千锤百炼的成果。"	拉花声效，背景音乐转为柔和的钢琴曲
5	近景	消费者手捧一杯【品牌名】咖啡，面带微笑，站在窗前眺望城市风景。	旁白："第一口下去，丝滑的牛奶与浓郁的咖啡完美融合，仿佛置身于清晨的咖啡庄园。"	轻柔的风声，背景音乐保持柔和的钢琴曲
6	特写	展示【品牌名】环保可降解杯盖的细节，强调品牌的环保理念。	旁白："不仅如此，【品牌名】还推出了一系列环保可降解杯盖，让你在享受美味的同时，也为地球贡献一份力量。"	轻微的包装声效，背景音乐加入轻快的吉他旋律
7	远景	消费者手持咖啡，自信地走在繁忙的街道上，背景是充满活力的城市景象。	旁白："选择【品牌名】咖啡，就是选择了一种高品质、可持续的生活方式。现在就来一杯，和我们一起，以最佳状态迎接每一个挑战！"	背景音乐达到高潮，鼓点加强，充满正能量
8	结尾画面	【品牌名】logo 与产品特写交替出现，配以简洁有力的品牌口号。	旁白："【品牌名】咖啡，唤醒你的每一天。"	背景音乐渐弱，最后以品牌标志性的旋律结束

图3-14

4　生成标题

文案回流，让文心一言生成符合文案主题的标题，如输

入"依照以上文案和脚本,写出3个短视频标题,并添加标签",点击发送按钮,文心一言生成内容如图3-15所示。

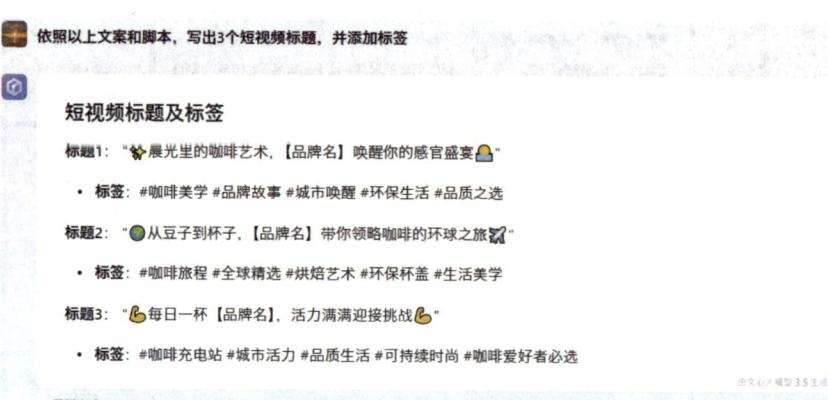

图3-15

3.4 影视解说类短视频文案、脚本和标题

影视解说类短视频，是指针对影视作品片段进行精炼概述与深度剖析的短视频。它旨在通过简洁明了的语言，结合剧情亮点、角色特色或幕后故事，引导观众快速了解短视频核心内容，激发观看兴趣或深化理解。这类短视频的文案不仅要能吸引目标受众的注意力，提升短视频的点击率和观看时长，还要能在有限时间内传递作者观点，促进观众间的讨论与分享，增强短视频的传播力和影响力。另外，创作者还要注意版权问题。

1 生成文案

在文心一言的对话框中输入对文案的要求,如输入"影视解说类短视频是指精炼解读影视作品,快速传递剧情亮点与深度分析。请提供影视解说类短视频文案文本,300字,内容生动",点击发送按钮,文心一言生成内容如图3-16所示。

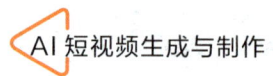

图3-16

2 修改文案

针对文心一言生成的内容提出修改意见,如输入"增加一些具体的情节",让文心一言生成更有使用价值的文案,如图3-17所示。

第 3 章　AI 生成文案、脚本和标题案例分析

增加一些具体的情节

【镜头快速切换,紧张背景音乐起】

"穿梭光影世界,直击《时空迷局》的每一个心跳瞬间!特工艾丽,在一次秘密任务后醒来,发现自己身处一个完全陌生的世界,身份被顶替,记忆模糊如雾。她不仅要面对追杀者的步步紧逼,还要解开自己为何会陷入这场时空错乱的谜团。

在寻找真相的过程中,艾丽发现了一连串精心设计的陷阱和线索,每一个都指向一个庞大的阴谋。她与旧日伙伴意外重逢,却发现彼此间已隔着难以逾越的鸿沟。爱情在危机中悄然萌芽,但忠诚的考验让这份情感更加扑朔迷离。

高潮迭起,艾丽利用自己的智慧和勇气,在时间的裂缝中穿梭,与敌人展开了一场场惊心动魄的较量。最终,在一场震撼人心的对决中,她揭露了真相,挽救了即将崩溃的时空秩序。

别错过任何一个细节,跟随我的解说,深入《时空迷局》的每一个精彩瞬间,感受电影带来的紧张刺激与深刻思考!"

重新生成

图 3-17

3　生成脚本

文心一言根据其修改后的文案生成短视频分镜头脚本,如输入"依照以上文案,生成短视频分镜头脚本,用表格的形式呈现以下内容:分镜头序号、景别、画面描述、对话台词(越详细越好)、背景音乐",点击发送按钮,文心一言生成内容如图 3-18 所示,因文心一言显示限制文字无法完全展示,全部内容展开如图 3-19 所示。

AI 短视频生成与制作

依照以上文案，生成短视频分镜头脚本，用表格的形式呈现以下内容：分镜头序号、景别、画面描述、对话台词（越详细越好）、背景音乐

分镜头序号	景别	画面描述	对话台词
1	近景	艾丽在陌生的环境中醒来，眼神迷茫，四周是陌生的装饰。	艾丽（内心独白）："这是哪里？会在这里？"
2	中景	艾丽尝试离开房间，发现门锁被反锁，她开始寻找逃脱的方法。	艾丽（自言自语）：我必须找到
3	特写	艾丽发现镜子中的自己与记忆中的不同，震惊不已。	艾丽（震惊）："这不是我！我的顶替了！"
4	远景	艾丽在街头奔跑，躲避不明身份者的追杀。	追逐声效，无对话
5	近景	艾丽与旧日伙伴意外重逢，但对方似乎对她有所保留。	伙伴（犹豫）："艾丽？但你不是
6	中景	艾丽与伙伴在废弃仓库内对峙，揭示出部分真相。	艾丽（坚定）："我们必须一起找相，无论它是什么。"
7	特写	艾丽凝视着一张关键的照片或线索，眼中闪过决心。	艾丽（内心独白）："这就是关键定要解开它。"
8	远景	艾丽在时空裂缝中穿梭，与时间赛跑，背景是不断变换的时空景象。	无对话，只有穿梭的音效
9	近景	终极对决，艾丽与幕后黑手面对面，气氛紧张到极点。	艾丽（愤怒而坚定）："你的阴谋止！"
10	大远景	艾丽成功揭露真相，时空秩序恢复，她站在阳光下，表情复杂。	无对话，只有背景音效
11	结尾画面	影片标题《时空迷局》缓缓出现，配以简洁有力的结语。	旁白："在时间与空间的迷局中，真相永存。"

重新生成

图3-18

第 3 章　AI 生成文案、脚本和标题案例分析

分镜头序号	景别	画面描述	对话台词	背景音乐
1	近景	艾丽在陌生的环境中醒来，眼神迷茫，四周是陌生的装饰。	艾丽（内心独白）："这是哪里？我怎么会在这里？"	悬疑、紧张的弦乐，逐渐增强
2	中景	艾丽尝试离开房间，发现门锁被反锁，她开始寻找逃脱的方法。	艾丽（自言自语）："我必须找到出路。"	急促的鼓点，增加紧迫感
3	特写	艾丽发现镜子中的自己与记忆中的不同，震惊不已。	艾丽（震惊）："这不是我！我的身份被顶替了！"	背景音乐转为惊恐的弦乐，音量加大
4	远景	艾丽在街头奔跑，躲避不明身份者的追杀。	追逐声效，无对话	紧张刺激的摇滚乐，节奏快速
5	近景	艾丽与旧日伙伴意外重逢，但对方似乎对她有所保留。	伙伴（犹豫）："艾丽？但你不是已经……"	背景音乐转为低沉的弦乐，带有疑惑情绪
6	中景	艾丽与伙伴在废弃仓库内对峙，揭示出部分真相。	艾丽（坚定）："我们必须一起找出真相，无论它是什么。"	背景音乐转为激昂的交响乐，预示合作与决心
7	特写	艾丽凝视着一张关键的照片或线索，眼中闪过决心。	艾丽（内心独白）："这就是关键，我一定要解开它。"	背景音乐转为悬疑的电子音乐，增加解谜氛围
8	远景	艾丽在时空裂缝中穿梭，与时间赛跑，背景是不断变换的时空景象。	无对话，只有穿梭的音效	梦幻般的电子音乐，配合时空变换的视觉效果
9	近景	终极对决，艾丽与幕后黑手面对面，气氛紧张到极点。	艾丽（愤怒而坚定）："你的阴谋到此为止！"	背景音乐达到高潮，强烈的鼓点和弦乐交织
10	大远景	艾丽成功揭露真相，时空秩序恢复，她站在阳光下，表情复杂。	无对话，只有背景音效	温柔而感人的旋律，带有胜利的喜悦和反思的深沉
11	结尾画面	影片标题《时空迷局》缓缓出现，配以简洁有力的结语。	旁白："在时间与空间的迷局中，唯有真相永存。"	背景音乐渐弱，最后留下悠扬的旋律作为结束

图3-19

4　生成标题

文案回流让文心一言生成符合文案主题的标题，如输

入"依照以上文案和脚本,写出3个短视频标题,并添加标签",点击发送按钮,文心一言生成内容如图3-20所示。

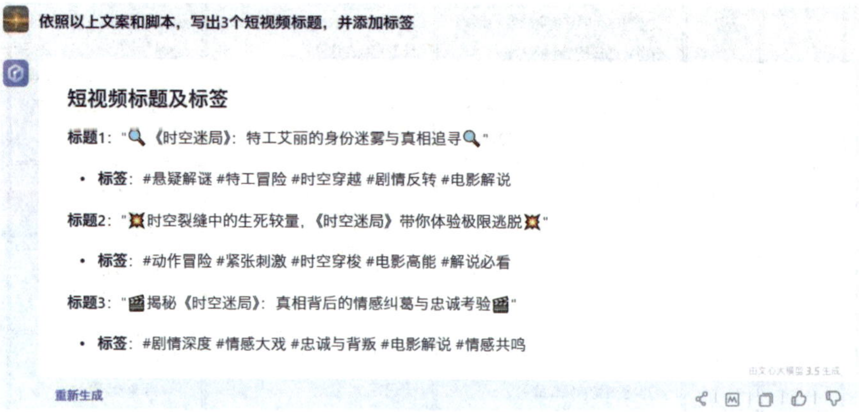

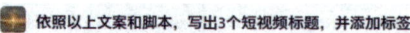

图3-20

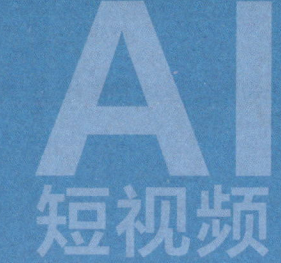

3.5 MBTI分析类短视频文案、脚本和标题

　　MBTI分析类短视频是指专为介绍、解析和探讨MBTI（Myers-Briggs Type Indicator，迈尔斯布里格斯类型指标）人格类型理论而设计的短视频。它通过精练的语言和引人入胜的叙述方式，向观众传达MBTI的核心概念、不同人格类型的特征以及这些特征在日常生活和职业选择中的体现，旨在帮助观众更好地理解自我和他人的性格差异，促进个人成长和人际关系的和谐。

1 生成文案

在文心一言的对话框中输入对文案的要求，如输入"MBTI分析类短视频文案是专为介绍MBTI人格类型理论而精心设计的，它以精练准确的语言生动描绘各类型特征，既保持理论的深度又兼具趣味性，让观众在轻松愉快的氛围中深入理解自我与他人的性格差异。请提供MBTI分析类短视频文案文本，300字，内容生动"，点击发送按钮，文心一言生成内容如图3-21所示。

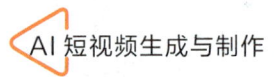

图3-21

2 修改文案

针对文心一言生成的内容提出修改意见，如输入"请将文本内容进行优化，使之更加生动有趣"，让文心一言生成更有使用价值的文案，如图3-22所示。

第 3 章　AI 生成文案、脚本和标题案例分析

图3-22

3　生成脚本

文心一言会根据其修改后的文案生成短视频分镜头脚本，如输入"依照以上文案，生成短视频分镜头脚本，用表格的形式呈现以下内容：分镜头序号、景别、画面描述、对话台词（越详细越好）、背景音乐"，点击发送按钮，文心一言生成内容如图3-23所示，因文心一言显示限制文字无法完全展示，全部内容展开如图3-24所示。

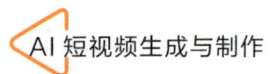

依照以上文案,生成短视频分镜头脚本,用表格的形式呈现以下内容:分镜头序号、景别、画面描述、对话台词(越详细越好)、背景音乐

分镜头序号	景别	画面描述	对话台词
1	远景	星空背景下,一颗流星划过,MBTI四个字母逐渐显现,光芒四射。	旁白(神秘而引人入胜):"在性幻森林中,MBTI引领我们探索我。"
2	近景	INTP角色坐在堆满书籍和电子设备的房间中,眼神专注,手指在键盘上快速跳跃。	INTP(自言自语,带有一丝兴奋个逻辑链条,终于要闭环了!"
3	特写	ENFP角色手持画笔,在空白的画布上挥洒,脸上洋溢着灿烂的笑容。	ENFP(兴奋地):"看,这就是我彩虹!"
4	中景	ESTJ角色站在会议室前,自信满满地向团队展示PPT,团队成员认真聆听。	ESTJ(坚定有力):"我们的目标成功!"
5	近景	ISFP角色在户外,轻轻触摸一朵花,闭上眼睛,脸上露出陶醉的表情。	ISFP(内心独白,温柔):"这朵有自己的故事。"
6	过渡镜头	四个角色快速切换,每个角色都展现出其独特的MBTI特征,背景是快速变换的色彩和图案。	无对话,仅快速切换的音效
7	远景	所有人物站在一个由MBTI字母构成的舞台上,面向观众,各自展示着自己的标志性动作或表情。	旁白(鼓舞人心):"在MBTI的世每个人都是独一无二的宝藏。"
8	结尾镜头	镜头拉远,舞台逐渐缩小,变成夜空中最亮的一颗星,周围是繁星点点。	旁白(温柔而深情):"让我们与起,继续探索这个多彩的世界吧

图3-23

第 3 章　AI 生成文案、脚本和标题案例分析

分镜头序号	景别	画面描述	对话台词	背景音乐
1	远景	星空背景下，一颗流星划过，MBTI 四个字母逐渐显现，光芒四射。	旁白（神秘而引人入胜）："在性格的奇幻森林中，MBTI 引领我们探索未知的自我。"	梦幻而神秘的电子音乐，带有星空元素
2	近景	INTP 角色坐在堆满书籍和电子设备的房间中，眼神专注，手指在键盘上快速跳跃。	INTP（自言自语，带有一丝兴奋）：这个逻辑链条，终于要闭环了！	轻快的电子音乐，带有思考的节奏
3	特写	ENFP 角色手持画笔，在空白的画布上挥洒，脸上洋溢着灿烂的笑容。	ENFP（兴奋地）：看，这就是我心中的彩虹！	欢快的流行乐，充满创意与活力
4	中景	ESTJ 角色站在会议室前，自信满满地向团队展示 PPT，团队成员认真聆听。	ESTJ（坚定有力）：我们的目标，就是成功！	激昂的交响乐，彰显领导力与决心
5	近景	ISFP 角色在户外，轻轻触摸一朵花，闭上眼睛，脸上露出陶醉的表情。	ISFP（内心独白，温柔）：这朵花，它有自己的故事。	轻柔的钢琴曲，带有自然与宁静的氛围
6	过渡镜头	四个角色快速切换，每个角色都展现出其独特的 MBTI 特征，背景是快速变换的色彩和图案。	无对话，仅快速切换的音效	节奏感强的电子音乐，营造快速切换的氛围
7	远景	所有人物站在一个由 MBTI 字母构成的舞台上，面向观众，各自展示着自己的标志性动作或表情。	旁白（鼓舞人心）："在 MBTI 的世界里，每个人都是独一无二的宝藏。"	温暖而鼓舞人心的交响乐，带有团结和谐的旋律
8	结尾镜头	镜头拉远，舞台逐渐缩小，变成夜空中最亮的一颗星，周围是繁星点点。	旁白（温柔而深情）：让我们与 MBTI 一起，继续探索这个多彩的世界吧！	渐弱的背景音乐，最终留下宁静的星空音效

图 3-24

4　生成标题

通过文案回流，让文心一言生成符合文案主题的标题，如输入"依照以上文案和脚本，写出 3 个短视频标题，并添加标签"，点击发送按钮，文心一言生成内容如图 3-25 所示。

AI 短视频生成与制作

> 依照以上文案和脚本,写出3个短视频标题,并添加标签

短视频标题及标签

标题1:"🌙MBTI奇幻之旅:解锁你的独特性格密码✨"

- 标签:#MBTI性格分析 #独特魅力 #性格探索 #奇幻森林 #自我发现

标题2:"🌟性格宝藏大揭秘:与MBTI共舞,发现不一样的你🐱"

- 标签:#性格差异 #MBTI宝藏 #自我成长 #创意无限 #性格魅力

标题3:"🎭MBTI舞台秀:每个人都是夜空中最亮的星🌟"

- 标签:#性格多样性 #MBTI舞台 #自我展示 #独特光芒 #星空梦想

图3-25

第 4 章

AI 视频工具的使用

4.1 认识腾讯智影

AI短视频创作过程中最重要的一步就是用AI视频工具生成符合要求的短视频。如今市面上已有不少AI视频工具，如腾讯智影、智谱清言、即梦AI等，这里我们以腾讯智影为代表，来了解一下AI视频工具能帮助我们做什么。

腾讯智影是一款集前沿AI技术与全面视频编辑功能于一体的智能创作工具。其主页设计简洁直观、功能全面，为短视频创作者提供了便捷的创作助力。作为一款高效的云端智能视频创作平台，腾讯智影集成了素材搜集、视频剪辑、高效渲染导出、一键发布、文本配音、数字人播报及精准字幕识别等功能。

腾讯智影显著提高了短视频创作的效率与质量，让短视频创作者能够迅速且精确地完成作品。借助腾讯智影，影视从业者能够轻松实现创作流程的智能化与自动化，无论是经验丰富的专业创作者还是初次尝试的普通用户,都能迅速掌握并高效地进行AI短视频创作。

用户在浏览器中输入网址"https://zenvideo.qq.com",即可打开腾讯智影的官方主页。首次使用腾讯智影时,用户需要进行注册或登录操作,如图4-1所示。腾讯智影提供了多种登录选项,如微信登录、手机号登录、QQ登录等,用户可以根据自己的实际情况自由选择。

图4-1

腾讯智影的主界面布局清晰,功能分区明确。主界面大致可分为左侧菜单栏和中央功能区两部分,如图4-2所示。

图4-2

左侧菜单栏包括"创作空间""在线素材""全网热点""精选作品""我的草稿""我的资源""我的发布""原创保护""团队空间""账号设置""开放平台"等选项。

中央功能区集中了视频创作的核心功能,包括视频剪辑、智能抹除、文章转视频、智能抠像、数字人直播、图像擦除、视频解说等功能。

用户可以根据创作需求,在腾讯智影的界面中轻松选择相应的功能。

4.2 腾讯智影核心功能介绍

4.2.1 视频剪辑

腾讯智影的视频剪辑功能可以帮助用户快速上手编辑视频内容，操作简便快捷。

用户在腾讯智影主界面的中央功能区选择"视频剪辑"，即可打开该功能模块的操作界面，如图4-3所示。该操作界面提供了有关视频剪辑方面的各种功能，如裁剪、拼接、分割、复制、在线素材、花字库、字幕编辑、转场库、滤镜库、特效库等。

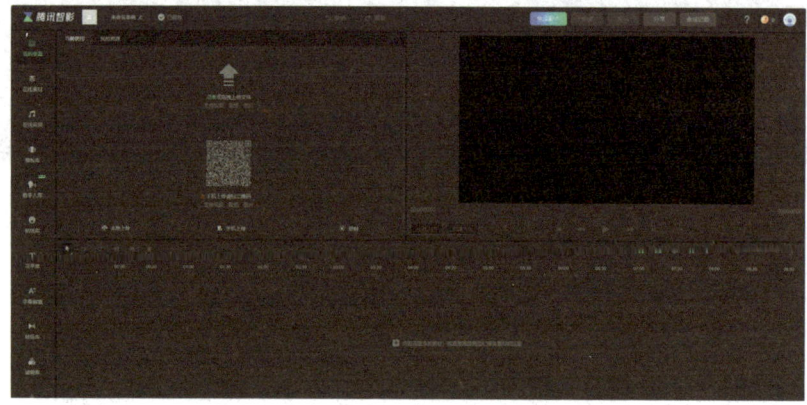

图4-3

以下是运用腾讯智影剪辑视频的具体操作步骤。

在图4-3所示界面中通过点击"本地上传"来导入视频,或是直接拖拽素材资料到"上箭头"图标处,如图4-4所示。导入后,视频将出现在素材库中,如图4-5所示。

图4-4

图4-5

在编辑界面中,将素材视频拖拽到下方时间轴区域后,如图4-6所示。可以在界面左侧的"模板库"中选择一个模板,快速生成一个具有专业外观的视频,继而再调整视频的长度、速度、音效等参数。此外,还可以从界面左侧的"转场库""滤镜库""特效库"中添加转场效果、滤镜、特效等,以增强视频的视觉效果。

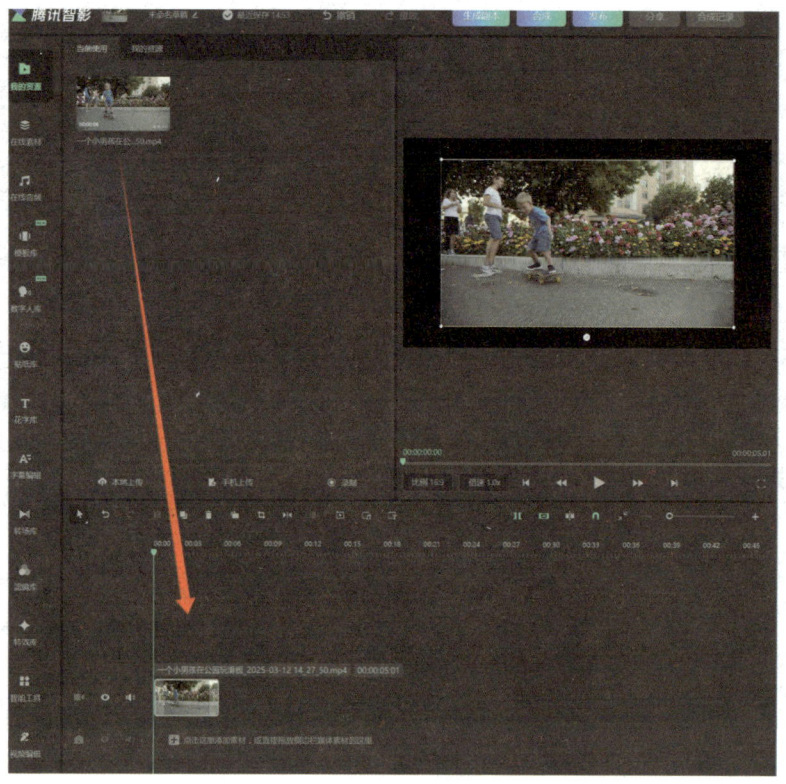

图4-6

此外,还可以通过点击界面左侧的"在线素材""在线音频"选择各种素材,为视频添加更多创意元素。

在编辑过程中,可以通过预览窗口,查看编辑后的效果,如图4-7所示。如果对效果不满意,可以随时在时间轴区域及左侧编辑栏进行参数调整。

第 4 章　AI 视频工具的使用

图4-7

完成编辑后,点击界面上方的"合成",如图4-8所示。在打开的输出设置界面中,可以进行文件命名,选择输出格式、分辨率、帧率和码率等,如图4-9所示。点击"合成"并确认后,界面跳转到"我的资源",等待作品合成,如图4-10所示。合成完毕后,可以播放合成的视频并进行保存,还可以将视频分享到社交媒体上。

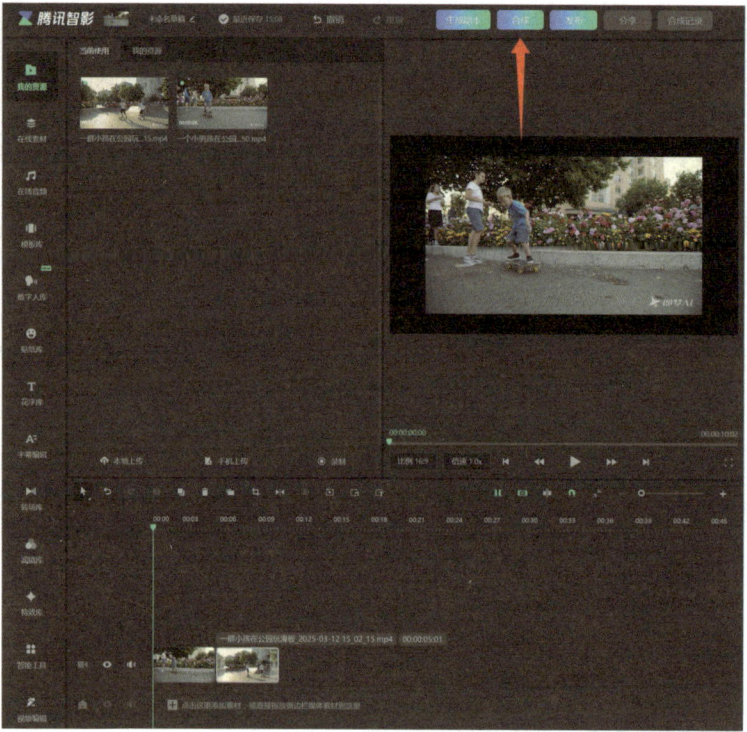

图4-8

图4-9

第 4 章　AI 视频工具的使用

图 4-10

总之，运用腾讯智影生成视频的过程比较简单便捷。通过视频剪辑界面和各种功能选项，用户可以轻松地制作出高质量的视频内容，节省大量时间和精力。

4.2.2　智能抹除

腾讯智影的智能抹除功能可以自动去除视频中的水印或字幕，既方便又快捷。

用户在腾讯智影主界面的中央功能区选择"智能抹除"，即可打开该功能模块的操作界面，如图4-11所示。用户可以在该操作界面下方直观地看到两个视频展示了智能抹除的效果。用户可以在"添加视频"区域选择添加需要处理的视频文件，既可以通过本地上传，也可以从已有的素材中选择。

图4-11

上传完成后,用户可以开始设置抹除区域。智能抹除功能提供了两种颜色的框来帮助用户进行选区:绿色框用于框选水印区域,紫色框则用于框选字幕区域。用户可以根据需要自由添加、删除、移动和调整框选区域的大小。但请注意,为了保证最佳的处理效果,框选的区域最好不要超过画面的四分之一。

完成选区设置后,用户可以点击"确认",系统即开始处理,处理进度可以在下方的项目列表中查看。处理完成后,用户可以点击"预览"查看去除水印和字幕后的视频效果。如果满意,用户可以选择下载处理后的视频,或者直接点击"剪辑"进行进一步的精细化处理。

4.2.3 文章转视频

腾讯智影的文章转视频功能允许用户将撰写的文字内容直接转化为视频内容，极大地简化了视频制作的流程。

用户在腾讯智影主界面的中央功能区选择"文章转视频"，即可打开该功能模块的操作界面，如图4-12所示。用户可以将自己的文字内容复制并粘贴到指定的文本框中，腾讯智影的智能系统会自动识别并解析文字内容，提取出关键信息和元素。

图4-12

用户可以根据自己的需求选择适合的模板和风格。腾讯智影提供了多种精美的成片类型供用户选择，用户可以根据自己的内容和主题选择最适合的模板，使视频更具吸引力和专业性。

用户还可以对视频进行进一步的编辑和调整。例如，可以添加背景音乐、采用数字人播报、调整朗读音色等，使视频更加生动有趣。同时，腾讯智影的分段式素材呈现方式，让创作者可以快速处理分镜、添加卡点元素等，进一步提高了视频制作的效率。

当视频编辑完成后，用户可以选择导出或发布视频。腾讯智影支持多种视频格式的导出，用户可以根据自己的需求选择合适的格式进行导出。同时，用户还可以选择将视频发布到腾讯智影的平台或其他社交媒体平台，与更多的人分享自己的创作。

4.2.4 智能抠像

腾讯智影的智能抠像功能可以将图片中的人物或物体从原始背景中精确地分离出来，并放置在用户选择的任何新背景中，从而创造出令人惊叹的视觉效果。

用户在腾讯智影主界面的中央功能区选择"智能抠像"，即可打开该功能模块的操作界面，如图4-13所示。用户可以在该操作界面中上传需要进行抠像处理的图片，图片格式不限，但建议使用高分辨率的图片以获得更好的处理效果，如图4-14所示。

图4-13

图4-14

上传完成后,腾讯智影的智能系统会自动对图片进行分析和处理,如图4-15所示。系统会识别出图片中的人物或物体,并将其与背景进行精确分离。这一过程中,系统会利用先进的图像处理和机器学习技术，确保抠像结果的准确性和精细度。

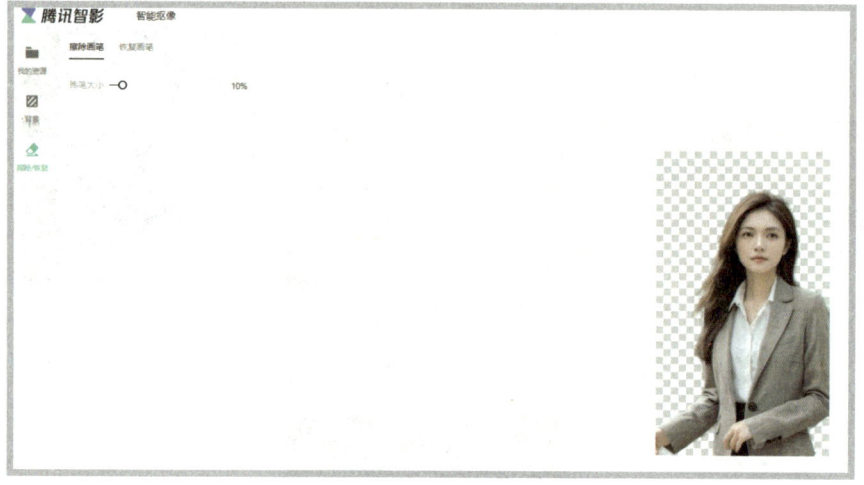

图4-15

4.2.5 数字人直播

腾讯智影的数字人直播功能允许用户通过虚拟的数字人形象进行实时直播，无须真人出境，为用户提供了全新的直播体验。用户在腾讯智影主界面的中央功能区选择"数字人直播"，即可打开该功能模块的操作界面，如图4-16所示。

第 4 章 AI 视频工具的使用

图 4-16

腾讯智影的数字人直播功能基于先进的虚拟数字人技术，可以创建出高度逼真的虚拟主播形象。这些数字人形象具有高度的可定制性，用户可以根据自己的需求调整数字人的外貌、表情、动作等，使其更符合自己的品牌形象或直播内容。

在直播过程中，数字人会根据用户的输入或预设的脚本进行实时播报、互动和表演。此外，腾讯智影的数字人直播功能还具备高度的可扩展性和灵活性。用户可以根据自己的需求选择不同的直播场景、背景、道具等，以打造出符合自己直播需求的个性化直播环境。同时，腾讯智影还提供了丰富的直播互动功能，如弹幕互动、点赞送礼等，增强了观众与主播之间的互动和黏性。

除了实时直播，腾讯智影的数字人直播功能还支持录播和剪辑功能。用户可以将自己的直播内容录制下来，进行后期剪辑，制作出更加精彩的视频内容。同时，用户还可以利用腾讯智影提供的各种视频编辑工具，对数字人直播内容进行进一步的美化和处理。

4.2.6 图像擦除

腾讯智影的图像擦除功能可以帮助用户快速、准确地从图片中移除不需要的元素或对象，从而提升图片的质量和观感。

用户在腾讯智影主界面的中央功能区选择"图像擦除"，即可打开该功能模块的操作界面，如图4-17所示。用户可以在该操作界面上传任何格式的图片，但建议使用高分辨率的图片以获得更好的处理效果，如图4-18所示。

图4-17

图4-18

一旦图片上传完成,腾讯智影的智能系统会自动识别图片中的元素和对象,如图4-19所示。用户可以通过简单的操作,如拖拽、缩放和旋转等,选择需要擦除的区域。系统会根据用户的选择,智能地分析并擦除指定区域内的元素或对象,如图4-20所示。

图4-19

图4-20

擦除过程中,腾讯智影采用了先进的图像处理技术,确保擦除效果的准确性和自然度,如图4-21所示。无论是擦除背景中的杂物、人物还是其他不需要的元素,该功能都能够做到快速而精确,且不留痕迹。

完成擦除后,用户可以预览处理后的图片效果,如图4-22所示。如果满意,可以选择"下载高清资源"导出图片,或选择"保存在我的资源"。

腾讯智影的图像擦除功能不仅适用于普通用户,也适用于专业摄影师、设计师和图像编辑人员。该功能可以帮助他们快速去除图片中的干扰元素,提高图片的质量和观感,从而更好地展示他们的作品和创意。

图4-21

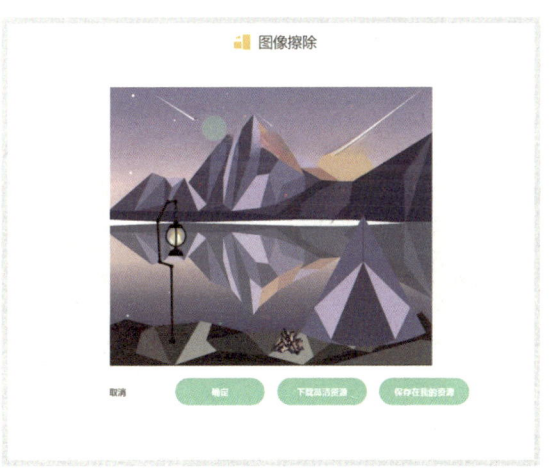

图4-22

4.2.7 视频解说

腾讯智影的视频解说功能可以帮助用户快速创建和编辑视频解说内容。

用户在腾讯智影主界面的中央功能区选择"视频解说",即可打开该功能模块的操作界面,如图4-23所示。用户可以点击"解说脚本"下方的"+"区域,选择个人素材进行视频解说的创作,或者选择腾讯智影的在线素材。腾讯智影通过腾讯视频正版影视库提供了海量的在线素材,供用户创作使用。若需要使用在线素材,需签订授权协议,如图4-24所示。

选定素材后,页面即跳转至视频解说操作界面,如图4-25所示。用户可以在观看视频的同时,在页面的右侧输入解说脚本内容。通过选择视频片段的入点和出点,用户可以将脚本和目标画面对应起来。如果想撤销某行解说文本,只需点击鼠标右键选择"删除"即可。

图4-23

第 4 章 AI 视频工具的使用

图 4-24

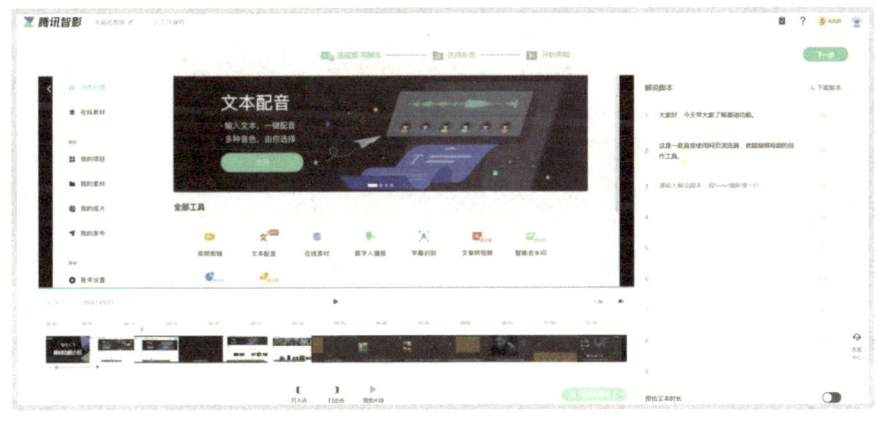

图 4-25

视频解说功能广泛应用于各种场景，如企业招聘、产品发布会、美妆产品营销、教育培训课件等。用户可以根据自己的需求，选择合适的模板和素材，快速创建具有专业水准的视频解说内容。

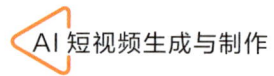

腾讯智影还支持多人实时沟通和协作。用户可以邀请团队成员加入项目，共同进行视频创作。在创作过程中，团队成员可以通过聊天、评论等方式实时沟通，确保创作的高效和顺畅。为了帮助用户更快地找到创作灵感，腾讯智影会根据用户的创作历史和喜好，智能推荐相关的模板、素材和效果，还会展示热门模板和优秀作品，供用户参考和借鉴。此外，腾讯智影还有许多特色功能，后面我们还会继续讲解。

总体来说，腾讯智影的界面设计充分考虑了用户的使用体验和功能需求，通过直观、简洁的界面和丰富的功能选项，为用户提供了一个高效、便捷的视频创作平台。无论是个人创作者还是专业团队，都能在这里找到适合自己的创作工具和功能，实现他们的视频创作目标。

运用AI视频工具生成短视频

在本节中,我们将讲述如何借用AI工具高效地将文案生成短视频。

首先,我们借用文心一言这类AI工具,提出特定的指令或创意需求,让其生成精炼且符合要求的短视频文案。其次,将生成的文案复制并粘贴至腾讯智影、智谱清言这类有文章转视频功能的AI视频工具编辑页面中。然后,AI视频工具会立即对文案进行解析,并根据文案的内容智能匹配相应的视觉元素、背景音乐及特殊效果等。这一过程不仅快速,还能够确保短视频内容与文案的紧密关联,从而生成高质量的短视频作品。下面,我们以腾讯智影、智谱清言为例,详细讲解一下操作过程。

4.3.1 使用腾讯智影进行AI短视频的生成

登录腾讯智影平台,在主界面的中央功能区中点击"文章转视频",如图4-26所示。页面跳转,进入编辑模式,如图4-27所示。将准备好的文案复制并粘贴至输入框,如图4-28所示。系统会自动提取文章中的关键信息,如标题、段落等。

图4-26

第 4 章　AI 视频工具的使用

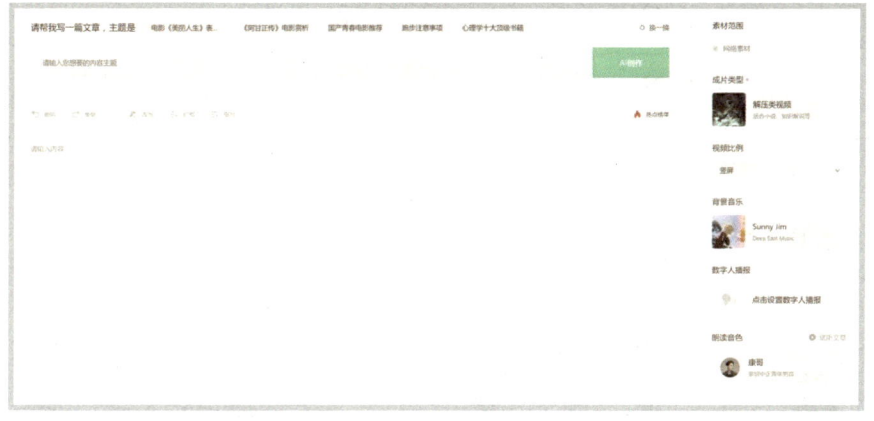

图4-27

图4-28

我们在界面右侧选择一种喜欢的成片类型，如图4-29所示。我们还能在界面右侧选择合适的视频比例、背景音乐、朗读音色等。全部选定后，点击界面右下角的"生成视频"，系统即可生成一个初步的短视频。注意，等待短视频生成过程中不要退出系统，如需进行其他操作，可点击"后台生成"，如图4-30所示。

图4-29

图4-30

之后，我们可以利用腾讯智影的其他功能，根据需要对其生成的短视频进行进一步的编辑和修改，直到满意为止。最后，导出并保存短视频即可。

请注意，虽然腾讯智影的"文章转视频"功能可以自动生成短视频，但为了提高短视频的质量和观感，建议用户在制作过程中进行适当的调整和编辑。同时，文案的内容和结构也会对生成的短视频质量产生影响，因此在粘贴文案前，建议先对其进行一定的整理和优化。

4.3.2 使用智谱清言进行AI短视频的生成

在网页上搜索"智谱清言"，或输入网址"https://chatglm.cn"，即可打开智谱清言官网首页，如图4-31所示。点击界面右上角的"登录"，使用手机号或微信扫码登录，如图4-32所示。

图4-31

登录后，在主界面左侧的菜单栏中，找到并点击"清影-AI生视频"，即可打开相应的操作界面，如图4-33所示。在该操作界面中，选择右上角"文生视频2.0"，如图4-34所示。

在界面右侧的对话框中输入准备好的文案，建议内容详尽、结构清晰，但不要过于冗长，有助于系统生成更符合我们期望的短视频。

图4-32

图4-33

第 4 章　AI 视频工具的使用

图4-34

我们可以根据需要设置一些基础参数，如生成模式、视频帧率、视频比例等。此外，我们还可以进一步设置一些进阶参数，如视频风格、情感氛围和运镜方式等，如图4-35所示。这些参数能够进一步定制视频效果，使其更加符合我们的个性化需求。

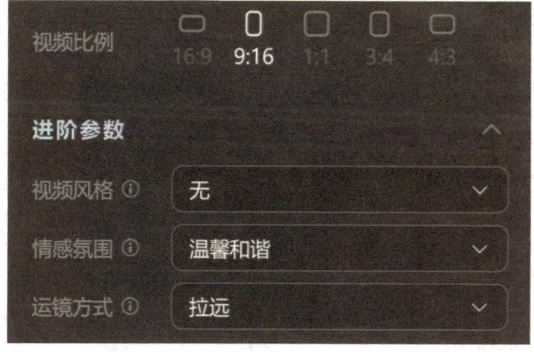

图4-35

在设置好所有选项后，点击界面右下角的"生成视频",系统即可生成相应的短视频。这个过程可能需要一些时间,具体取决于我们的文案长度和系统的处理速度。

当短视频生成完毕后,我们可以在平台内播放并查看生成结果,如图4-36所示。确认无误后,点击短视频右下角"下载"图标,即可选择保存短视频,如图4-37所示。

图4-36

图4-37

第 4 章　AI 视频工具的使用

如果对生成的短视频不满意，可点击短视频右下角的"…"图标，并选择"重新生成"，如图 4-38 所示。或者返回上一步骤，修改文字描述或生成选项，然后重新生成短视频。

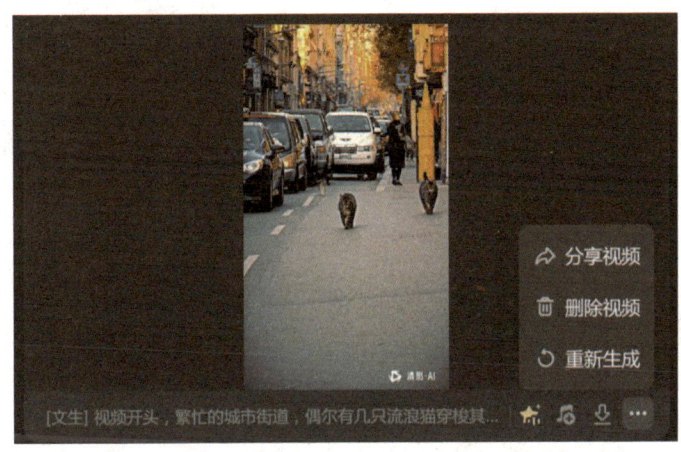

图 4-38

需要注意的是，在使用智谱清言的文生视频功能时，请确保网络连接稳定，以免影响视频生成的速度和质量。智谱清言还提供了图生视频功能，操作步骤与上述过程类似，在此不再赘述。

第 5 章

AI 生成字幕、配音与封面

5.1 AI生成字幕

为短视频制作字幕是影视制作流程中重要的一环，它能够起到解释说明、扩大受众范围、服务于听障人士的重要作用。下面，我们以腾讯智影和录咖为例，详细介绍如何用AI工具为短视频生成字幕。

5.1.1 运用腾讯智影生成字幕

腾讯智影的字幕识别功能基于深度学习技术，能够准确识别视频中的语音内容，并将其转化为文字形式，继而生成相应的字幕。同时，腾讯智影还提供了字幕样式、字体、颜色等自定义选项，用户可以根据自己的喜好和需求进行调整。

第 5 章　AI 生成字幕、配音与封面

下面，我们一起来学习运用腾讯智影为短视频生成字幕的操作流程吧。

用户在腾讯智影主界面的中央功能区选择"字幕识别"，即可打开该功能模块的操作界面，如图5-1所示。

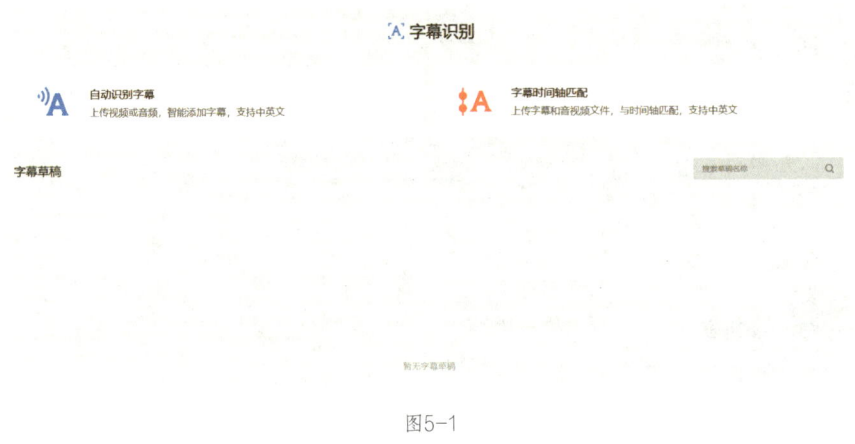

图5-1

点击"自动识别字幕"选项，打开如图5-2所示界面，用户可以在这里上传需要添加字幕的视频或音频文件。上传的文件可以是本地文件，也可以是已经在腾讯智影平台上的文件，如图5-3所示。上传完成后，选择视频源语言，可以是中文或英文。点击"生成字幕"，腾讯智影的智能系统会自动识别视频中的语音内容，并转化为字幕，方便用户添加或修改。

图5-2

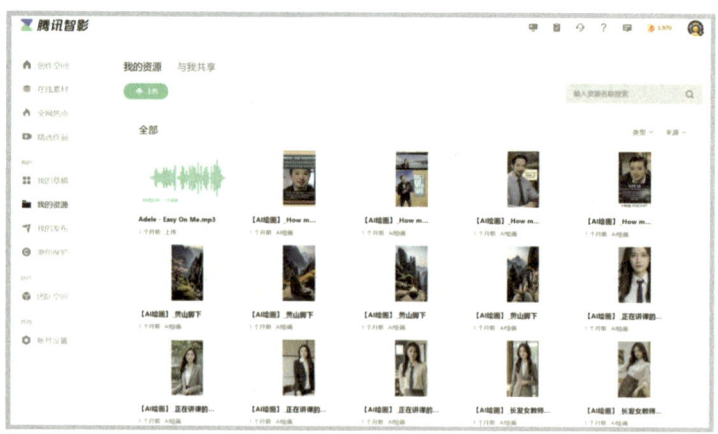

图5-3

待识别完成后,预览生成的字幕。根据需要,可以对字幕的文本、时间轴、字体、颜色等进行调整和编辑,确保字幕的准确性和美观性。同时,用户还可以选择是否显示背景、是否显示时间戳等选项,以满足不同的制作需求。

完成字幕编辑后，预览整个视频，确保字幕与视频内容同步且无误，选择导出选项，即可将带有字幕的短视频导出保存。导出的视频可以直接用于发布或分享，方便快捷。

5.1.2　运用录咖生成字幕

录咖是一款功能强大、操作简便、识别精准的在线字幕生成工具，无须下载安装任何软件，直接在线生成和翻译字幕，大大节省了用户的时间和精力，能够满足短视频博主、教育工作者、会议记录员等多种职业工作人员的字幕生成和翻译需求。

录咖的主界面十分简洁，如图5-4所示。其核心功能包括：AI语音转文字、AI视频翻译、AI字幕、AI文字转语音、AI视频/音频总结、AI视频生成、AI人声分离以及录屏和剪辑等。

图5-4

在短视频字幕生成方面,录咖的AI字幕功能尤为突出,能够基于先进的自然语言处理模型,准确识别视频中的语音内容,并自动生成字幕。下面,我们一起来学习运用录咖为短视频生成字幕的操作流程吧。

用户点击主界面中的"AI字幕",并在新页面中导入需要添加字幕的视频或音频文件,如图5-5所示。要注意保证导入内容的格式和大小符合系统要求。

图5-5

导入文件后,需要选择生成字幕的语言,如图5-6所示。录咖支持多种语言识别,包括但不限于中文、英语、日语、法语、德语、葡萄牙语、西班牙语等,可满足全球化需求。录咖还提供强大的翻译功能,用户可以将生成的字幕翻译为另一种语言,实现双语字幕效果。选好生成字幕的语言

第 5 章　AI 生成字幕、配音与封面

后，点击"开始转换"，系统即开始生成字幕，并跳转至字幕编辑界面，如图5-7所示。

图5-6

图5-7

在字幕编辑界面中，提供了一系列强大的字幕编辑与管理功能，极大地提升了用户对于字幕处理的灵活性和效率。以下是对设置功能的详细介绍。

（1）修改字幕时间

用户可以精确到帧地调整字幕时间，无论是提前、延后字幕的出现时间，还是延长、缩短字幕的显示时长，都能轻松实现。

（2）查找与替换

用户在字幕文本中快速查找特定词汇或短语，并将其一键替换为指定内容，有效修正拼写错误、统一术语或进行本地化翻译。

（3）字幕同步与校准

录咖提供了自动与手动两种字幕同步方式，确保字幕与视频内容的精准对位。对于因视频剪辑或速度调整导致的字幕错位问题，用户可通过简单的拖拽操作进行快速校准。

（4）高级编辑功能

录咖允许用户在字幕中插入特殊字符、表情符号或链接，提高字幕的趣味性和互动性；支持分段字幕编辑，便于用户处理长视频中的多个场景切换，使字幕更加贴合视频内容。

（5）预览与导出

录咖提供实时预览功能，使用户在编辑过程中可随时查看字幕效果，确保最终输出的字幕准确无误；支持高清无损导出，保证字幕在各类播放设备上都能清晰显示。

在字幕编辑界面中，用户还可以对字幕的样式进行深入的自定义设置，如图5-8所示。具体样式设置选项包括：选择字体，用户可以从平台提供的多种字体样式中选择合适的字体；调整字号大小，确保字幕在不同设备和屏幕尺寸上都能清晰可读；调整字幕颜色，使其与短视频的整体色调相协调；选择对齐方式，包括左对齐、右对齐、居中对齐等；调整字幕在视频画面中的位置，确保字幕既不影响观看体验，又能准确传达信息；调整多行字幕的行间距，以确保字幕整体布局的美观和清晰；调整背景与边框，进一步丰富字幕的视觉效果。

图5-8

通过这些丰富的设置选项，录咖平台不仅满足了用户对字幕的基本需求，还提供了高度的自定义空间，让字幕成为提升视频内容质量和观众体验的重要元素。

同时，录咖还支持云端存储字幕文件，方便用户随时随地进行访问和管理；提供链接分享功能，使用户可以将制作完成的视频一键分享给他人，实现快速传播和分享。

5.2 AI制作配音

要想产出一部优秀的短视频作品,除了要有高质量的短视频画面,对声音的处理也很重要。好的配音能够起到突出人物情感的表达、增强环境的氛围感和引人入胜的作用。随着人工智能技术的快速发展、成熟,目前市面上许多主流短视频剪辑软件和专业网站都更新了配套模块,加入了AI配音技术,简化了制作短视频的流程,保护了创作者的隐私,降低了短视频配音制作门槛。

例如,腾讯智影的文本配音功能支持将文字转化为语音,为视频添加旁白或配音。这一功能为视频创作者提供了更多的创作自由和灵活性,使视频内容更加生动有趣。下面,我们以腾讯智影为例,讲解一下运用AI工具为短视频配

第 5 章　AI 生成字幕、配音与封面

音的原理、流程和优势。

5.2.1　AI 配音的原理

腾讯智影的短视频配音功能基于人工智能技术，通过深度学习大量的音频数据，使系统能够自动为视频内容匹配适合的语音。该功能的实现主要依赖于 TTS（text to speech，语音合成）技术，即将文本转化为自然语音。

同时，腾讯智影还集成了情感计算、语音识别等技术，使配音语音更具情感色彩，也更准确地传达视频内容。

5.2.2　AI 配音的流程

打开腾讯智影主界面，如图 5-9 所示。在中央功能区选择"文本配音"，即可打开该功能模块的操作界面，如图 5-10 所示。

图 5-9

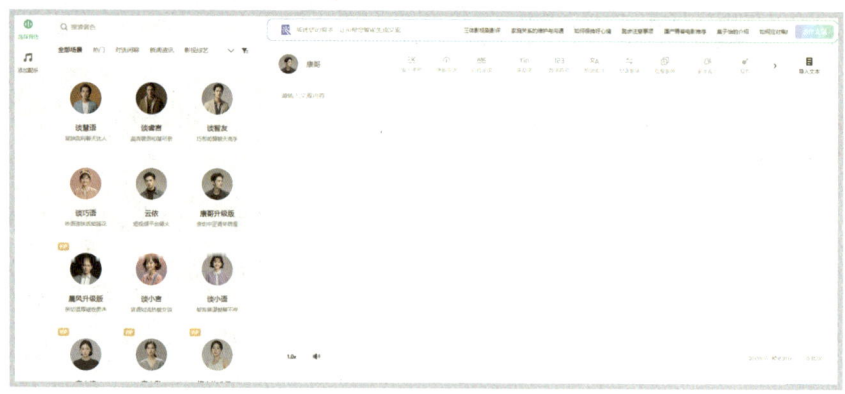

图5-10

用户可以在该操作界面右侧上方输入自己的需求,让AI智能生成文案;或者在右侧下方自由输入文字;或者点击"导入文本"上传准备好的文本。

用户可以利用"插入停顿""局部变速""词语连读"等功能对文案进行调整,还可以调整语速、音量等参数,以达到最佳效果,如图5-11所示。

在该操作界面左侧点击"选择音色",可以看到腾讯智影提供了丰富的音色选择,包括各种不同的风格,用户可以根据需要进行试听和选用。

在选择好文案和音色后,用户可以点击操作界面左侧的"添加配乐",选择想要的配乐风格,如"安静""浪漫""古风"等,如图5-12所示。

第 5 章　AI 生成字幕、配音与封面

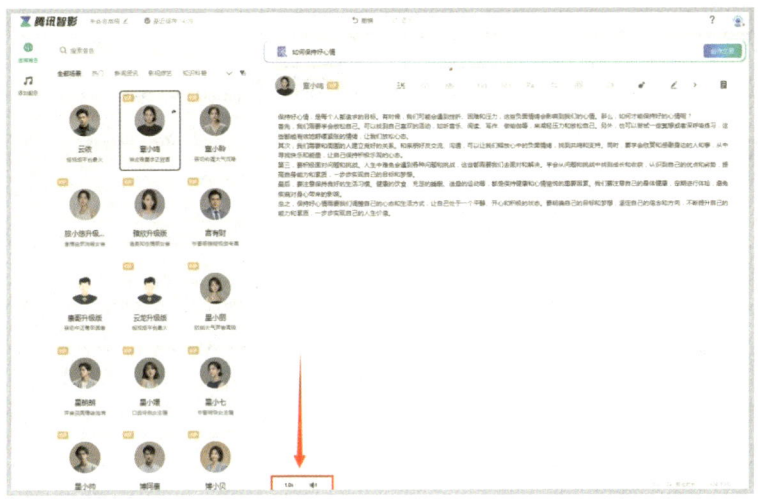

图5-11

图5-12

点击"试听"确认满意后，可点击"生成音频"，如图5-13所示。等待几秒钟，即可得到配音后的音频文件。

图5-13

5.2.3 AI配音的优势

相比于人工为短视频配音，AI配音的优势有如下几个方面。

（1）高效快捷

相较于传统的人工配音方式，AI配音能够快速生成语音内容，大大节省了时间和精力。

（2）成本低廉

AI配音无须专业的录音设备和人员，降低了制作成本。

（3）语音多样化

AI工具提供了多种语音包和情感标签，可以满足不同风格的配音需求。

（4）易于调整

AI工具可以随时调整语速、音量等参数，达到最佳的配音效果。

（5）避免干扰

AI工具能够自动化地完成文本到语音的转换，避免环境、设备等各种影响因素造成的干扰。

AI设计封面

当我们点开短视频软件时,由于短视频封面的图形化特质和所占篇幅面积相对于文字来说更大,封面首先映入观众眼帘,并且容易给观众带来较强的视觉冲击力。因此,一个引人入胜的封面已成为吸引观众点击观看的关键。

5.3.1 封面设计实用技巧

封面的核心作用就是吸引观众目光,并激发他们点击观看短视频的欲望。以下是一些制作短视频封面的实用技巧。

(1)精选主题与配色

选用明亮且饱和度高的颜色以吸引观众的注意力,同时确保配色与主题契合,增强封面的整体视觉效果。

第 5 章　AI 生成字幕、配音与封面

（2）明确展示核心内容

在封面上明确展示短视频的核心内容，如标题、主要人物或关键物品等，让观众一眼就能把握短视频的主题。

（3）布局简洁合理

封面设计应注重构图的简洁性，避免过于复杂。将重要元素置于显眼位置，便于观众快速获取关键信息。

（4）保持风格统一

确保封面风格与视频内容保持一致，以提升整体协调性。如有需要，可尝试按照多种风格设计多个封面，以适应不同平台的需要。

5.3.2　使用即梦AI设计封面

即梦AI，作为一款先进的智能视图创作工具，为创作者提供了强大的图片生成功能。本节将详细讲解如何利用即梦AI来设计短视频封面。

在浏览器中输入网址"https://jimeng.jianying.com"，即可打开即梦AI的主界面，如图5-14所示。选择"AI作图"区域的"图片生成"，如图5-15所示。系统即转入图片生成界面，如图5-16所示。

用户可以在该界面左上角的提示词输入框中，以准确、详细的语言描述期望的图片内容。描述文字越详细，生成的

图片越符合期望。

如果希望生成的图片与某张特定图片相似，可以点击"导入参考图"，选择该图片作为生成新图片的参考。用户还可以在该界面左下方区域设定图片的精细度、比例和尺寸。

图5-14

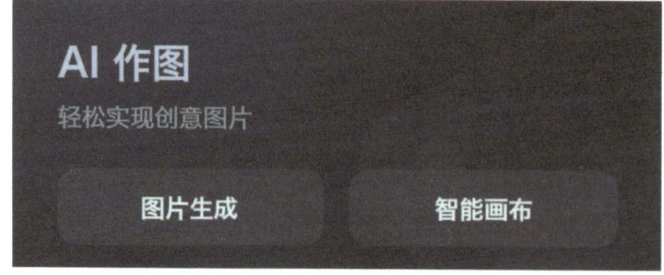

图5-15

第 5 章　AI 生成字幕、配音与封面

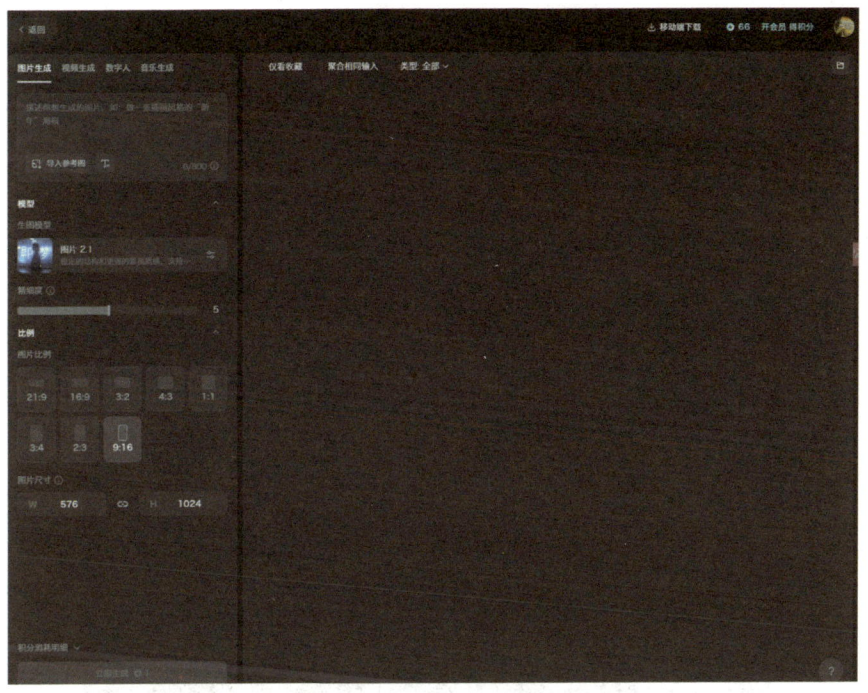

图5-16

下面，我们用即梦AI生成美食短视频的封面。

首先，结合上文所讲述的技巧确定描述语："短视频海报生成，美食视频确定主题和配色：美食视频可以选择暖色调，如橙色、黄色等，营造温馨、诱人的氛围。突出重点：在封面上展示美食的特写镜头，如烤肉、蛋糕等。同时，配以醒目的标题，如'家常烤肉做法'等。布局合理：将美食图片放在中心位置，标题可以放在图片上方或下方，保持整体简洁明了。使用统一风格：保持封面风格与视频内容一致，如有需要，可以添加一些点缀，如筷子、碗等。"

其次，将上述描述语复制到输入框中，调整参数，然后点击"立即生成"，如图5-17所示。

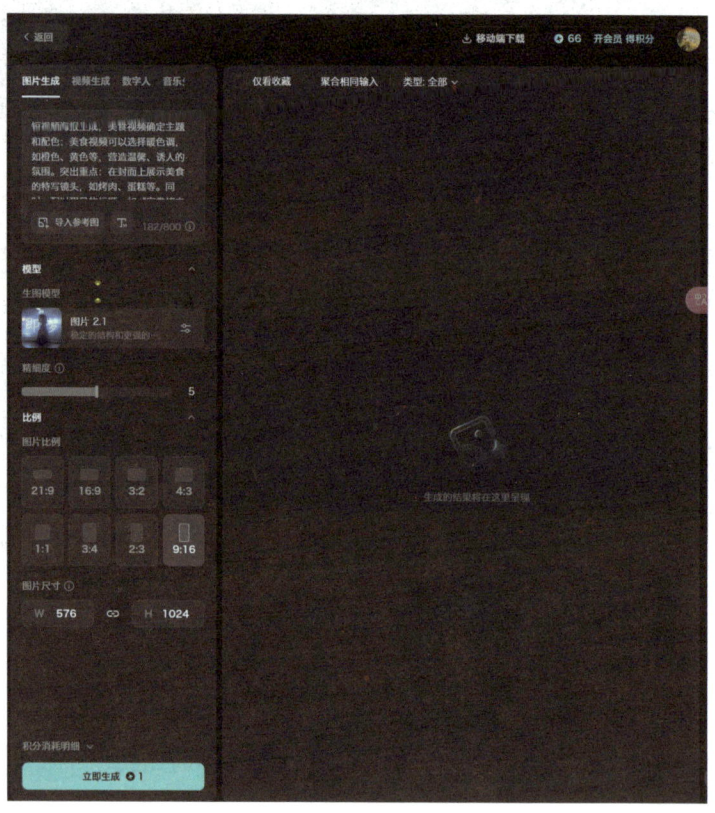

图5-17

然后，等待片刻，在右侧预览页面中可查看已生成的封面图片，如图5-18所示。如果不满意生成效果可继续重复以上步骤，直至满意。

最后，点击图片右上角的"下载"图标，即可进行下载，如图5-19所示。

第 5 章 AI 生成字幕、配音与封面

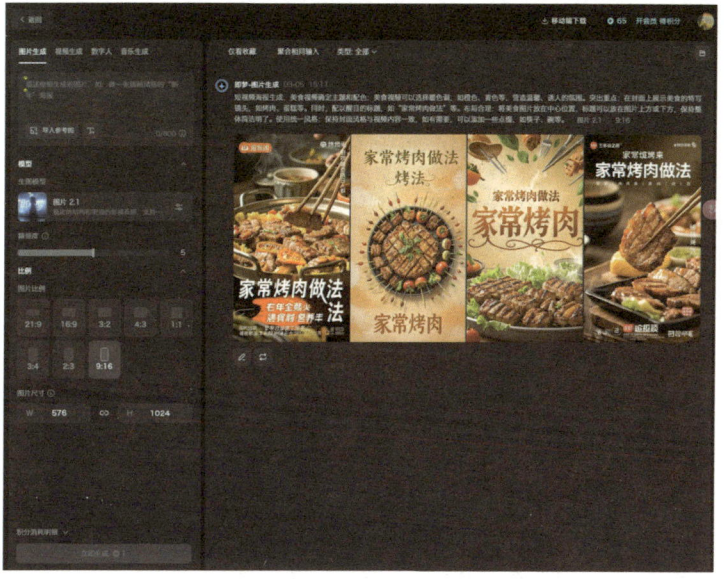

图5-18

图5-19

不同平台对封面尺寸的要求可能不同，我们可以根据需求在这里进行调节。点击图片右上角的"…"图标，展开选项框，选择"去画布进行编辑"，如图5-20所示。系统即转入编辑界面，如图5-21所示。在此界面中，点击上方的尺寸栏，即可在下拉菜单中调整画面比例，如图5-22所示；也可以通过单击图片，拖拽边框进行调节，如图5-23所示。

我们还可以在该界面完成扩图、局部重绘、细节修复、抠图、超清转换、添加文字等后期处理。调整完成后，点击界面右上角的"导出"即可下载封面图片。

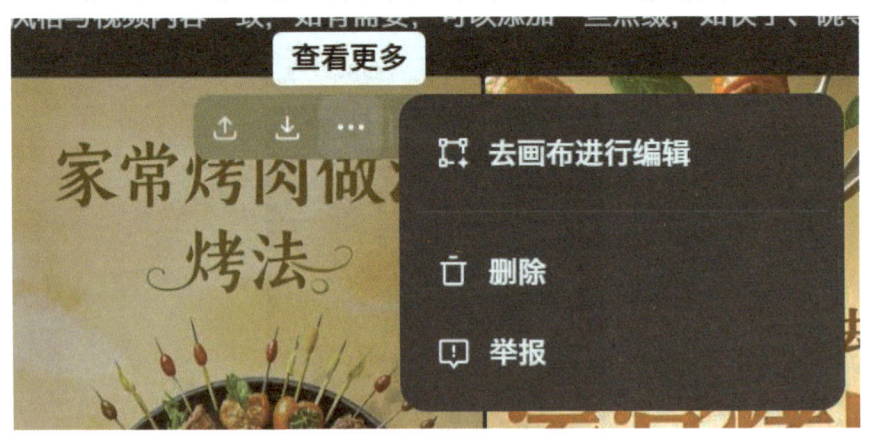

图5-20

第 5 章　AI 生成字幕、配音与封面

图5-21

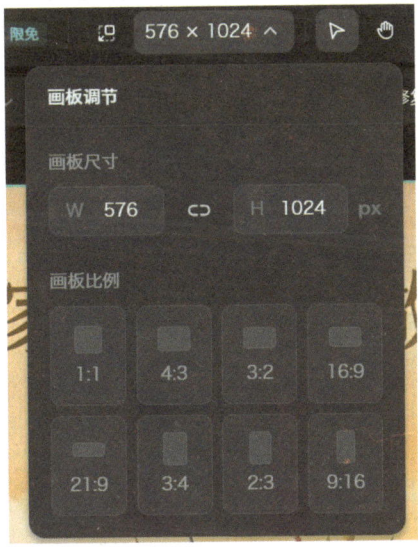

图5-22

图5-23

5.3.3 注意事项

在利用即梦AI生成短视频封面时,需注意以下几点。

(1)主题明确

用户应清晰指出短视频主题,如"浪漫旅行""美食探索"等。明确的主题有助于AI系统准确捕捉短视频的核心内容。

(2)细节描述

用户需提供尽可能具体的细节,如场景(海滩、餐厅、实验室)、人物(情侣、美食博主、科学家)、动作(拥抱、品尝、操作仪器)等。这些具体细节能够丰富封面的视觉元素,使其更具吸引力。

(3)风格定位

描述语中应包含对封面风格的要求,如"卡通风格""复古色调""电影质感"等。这有助于AI系统生成与视频整体风格相匹配的封面。

(4)情感表达

用户可以尝试在描述语中融入情感元素,如"温馨感人""幽默诙谐""紧张刺激"等。这些情感标签能够指导AI系统生成更具感染力的封面图像。

(5)构图指导

虽然AI系统具备一定的构图能力,但提供明确的构图指导仍有助于生成更出色的封面。例如,可以指定"人物居中""风景占满画面"等构图要求。

(6)色彩搭配

描述语中可以提及期望的色彩搭配,如"冷暖对比""清新明亮""暗调神秘"等。这有助于AI系统生成色彩和谐、视觉效果突出的封面。

(7)避免模糊词汇

用户应避免使用过于模糊或抽象的词汇,如"抽象艺

术""意境深远"等。这些词汇可能导致AI系统生成的结果产生难以预料的偏差。

（8）消除歧义

用户应确保描述词中的每个词汇都具有明确的意义，避免产生歧义。例如，避免使用"独特风格"这样的描述，而应具体给出如"波普艺术风格""极简主义风格"等描述。

第 6 章

视频制式调整的技巧

认识画幅比例

在短视频制作过程中,画幅比例的选择与调节是至关重要的环节。不同的比例不仅影响视频的视觉效果,还关系到观众的观看体验。

6.1.1 画幅比例的重要性

随着移动设备的普及和社交媒体的发展,短视频已成为人们获取信息、娱乐消遣的重要途径。在这个过程中,短视频的画幅比例作为一个基础而关键的因素,直接影响着短视频的呈现效果和观众的接受度。合适的画幅比例能使短视频内容更加突出、观感更加舒适,从而吸引更多的观众。

6.1.2 不同画幅比例的特征

1 16∶9比例

这是目前最常见的短视频画幅比例,适用于大多数电视、电脑显示器和手机屏幕。该比例能够充分利用屏幕空间,展现出宽广的视野,特别适合风景、大场面等内容的拍摄。同时,16∶9比例的短视频在剪辑和后期处理时也较为方便,兼容性较好。常见的16∶9比例短视频的分辨率有1920×1080和1280×720等。

2 9∶16比例

随着智能手机和竖屏观看习惯的普及,9∶16的画幅比例逐渐成为短视频领域的新宠。这种比例的短视频更适合在竖屏设备上观看,能够占据更多的屏幕空间,给观众带来沉浸式的观看体验。此外,9∶16比例的短视频在社交媒体上的展示效果也更为突出,更容易吸引观众的注意力。常见的9∶16比例短视频的分辨率有1080×1920和720×1280等。

3 1∶1比例

这是一种正方形画幅比例,适用于一些特定的拍摄内容和风格，如美食、静物、人像等。1∶1比例的短视频在构图上更加简洁明了，能够突出主体，减少干扰因素。这种比例的短视频在社交媒体上也比较受欢迎，因为它能够在不同的设备上保持一致的展示效果。常见的1∶1比例短视频的分辨率有800×800和1080×1080等。

4 4∶3比例

这是早期的电视屏幕比例，现在仍在一些设备和平台上使用。常见的4∶3比例短视频的分辨率有1280×960和1440×1080等。

6.2 调节短视频的画幅比例

画幅比例的调节是短视频制作过程中的重要环节,直接影响着短视频的视觉效果和观众的观看体验。在实际操作中,我们一般会根据拍摄内容、观众群体和展示平台等因素来对短视频的画幅比例进行调节。

很多视频剪辑软件都可以完成对短视频画幅比例的调节工作,这里我们以Adobe Premiere Pro(简称Pr)和腾讯智影为例,详细介绍调节短视频画幅比例的操作过程。

6.2.1 使用Pr调节画幅比例

Pr是由Adobe公司研发的一款专业视频剪辑软件,广泛应用于专业影视剪辑、电影特效和后期制作等领域。这里采用的是Adobe Premiere Pro 2021,不同版本的界面和操作过程可能有所不同。

打开Pr软件，操作界面如图6-1所示。点击左上角的"文件"，在下拉菜单中点击"导入"，选择需要调节画幅比例的短视频，如图6-2所示。

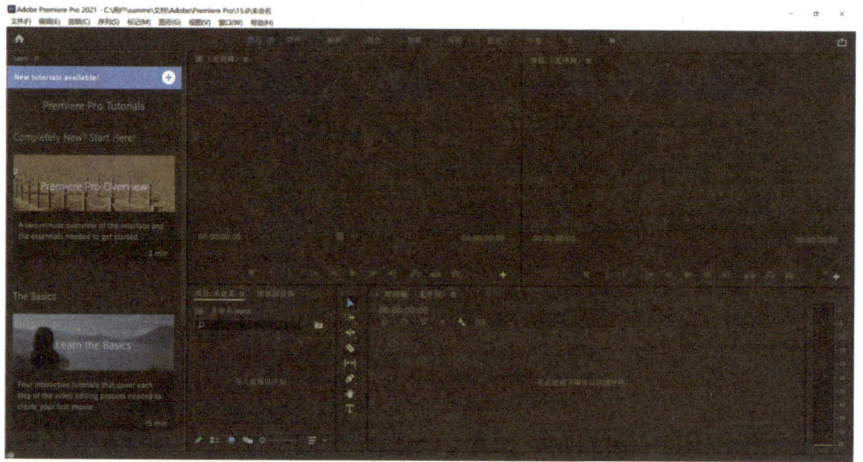

图6-1

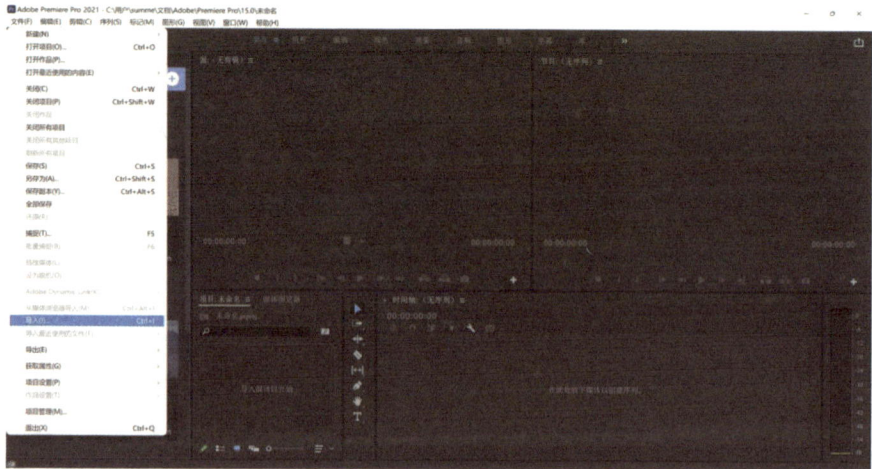

图6-2

第 6 章 视频制式调整的技巧

短视频在导入Pr后,显示在左侧项目面板中,如图6-3所示。将短视频拖拽至时间轴面板中,创建一个新的视频序列,如图6-4所示。

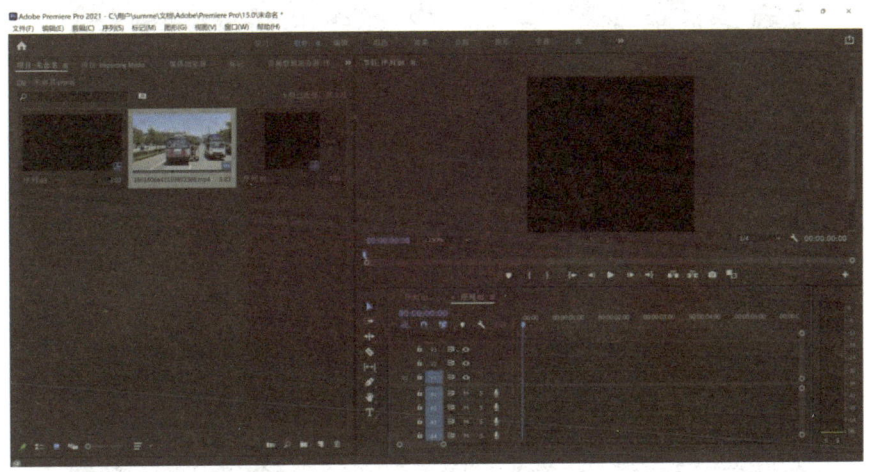

图6-3

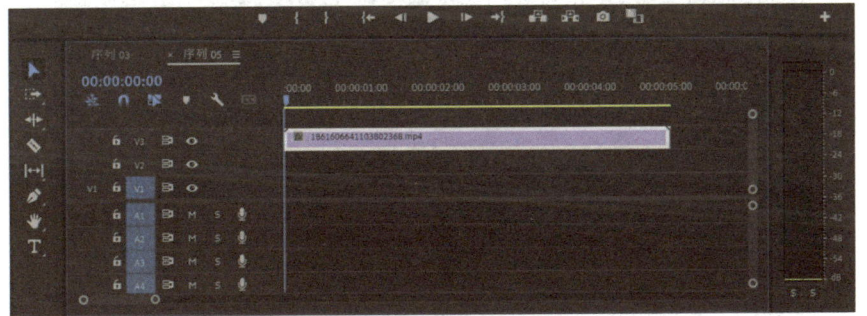

图6-4

点击新的视频序列,在弹出菜单中选择"序列",如图6-5所示。在弹出的"新建序列"页面中选中"设置",将"编辑模式"调整为"自定义",如图6-6所示。

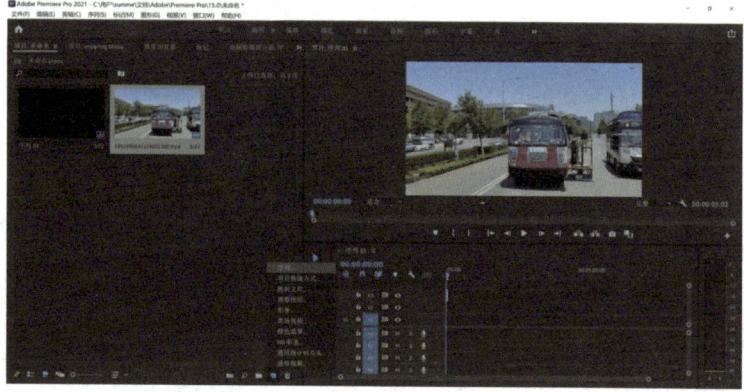

图6-5

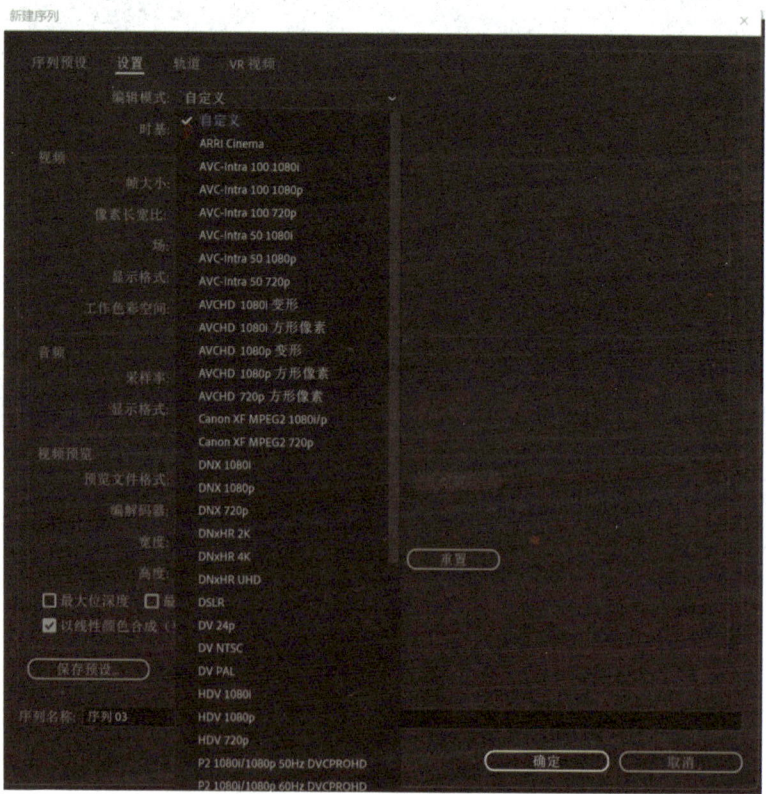

图6-6

第 6 章　视频制式调整的技巧

接着设置"帧大小""水平""垂直"数据，以及"像素长宽比"，以满足所需的画幅比例，如图6-7所示。确认无误后，点击右下角"确定"，即可预览调整后的画幅比例效果，如图6-8所示。满意后按住"Ctrl+Shift+S"组合键进行导出保存。

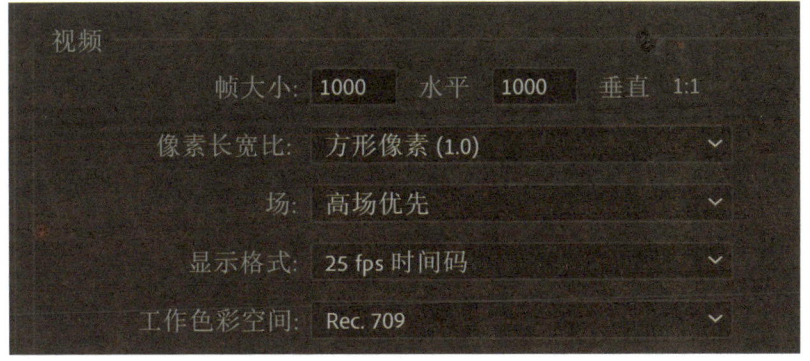

图6-7

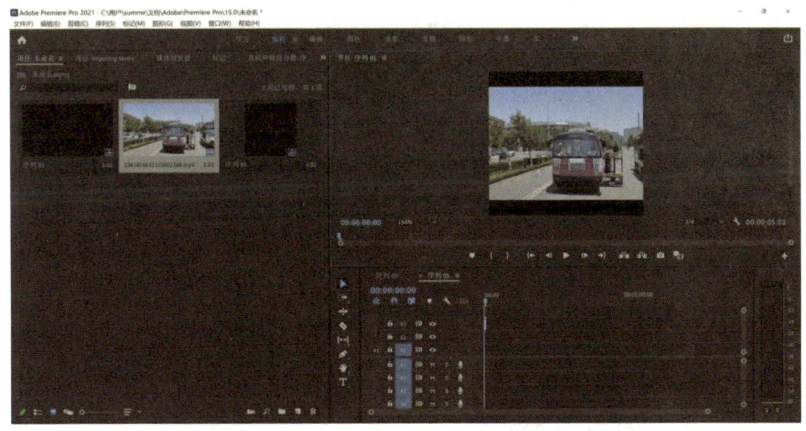

图6-8

6.2.2 使用腾讯智影调节画幅比例

腾讯智影的智能转比例功能支持将横向视频内容转换为竖向视频内容,转换后的竖屏视频能够保持高质量,确保画面清晰度和色彩还原度。

用户在腾讯智影主界面的中央功能区选择"智能转比例",即可打开该功能模块的操作界面,如图6-9所示。用户在上传横向视频文件后,即可利用该功能将其转换为竖向视频,使其适应不同的播放平台。需要注意的是,上传的视频文件大小不能超过1GB。

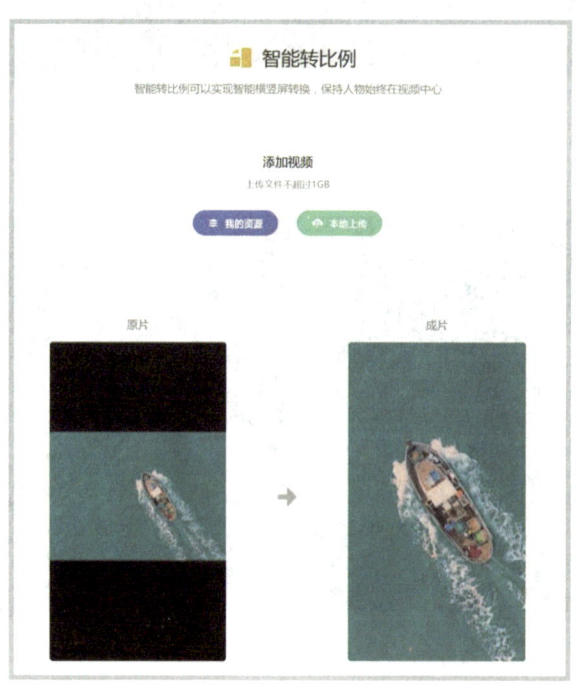

图6-9

6.3 认识不同视频格式的优缺点

视频格式是指视频文件保存的形式,如MP4、AVI、MKV、FLV、RMVB、WMV等。不同格式的视频在图像质量、压缩比率、跨平台性、在线播放能力等方面均有所不同。下面,我们就来详细讲解一下不同视频格式的优缺点。

6.3.1 MP4格式

1 优点

①普及性:MP4是网络视频的标准格式之一,几乎所有

的浏览器和移动设备都支持MP4格式的视频，这使得用这种格式发布和分享视频变得非常方便。

②兼容性：MP4格式的视频可以轻松地在各种设备上播放，包括电脑、智能手机、平板电脑等。

2 缺点

①清晰度问题：尽管MP4格式可以提供较高的分辨率，但在同等码率下，其清晰度往往不如其他一些视频格式。

②压缩率：MP4格式采用的H.264压缩算法，虽然可以提供较高的画质，但相对于其他视频格式，其压缩率较低。

6.3.2　AVI格式

1 优点

①兼容性：AVI格式兼容性好，调用方便，图像质量好。

②分辨率可调：AVI格式视频的分辨率可以随意调，窗口越大，文件的数据量也就越大；降低分辨率可以大幅减小它占用的空间。

2 缺点

①体积大：AVI格式视频占用的空间往往过于庞大。

②压缩标准不统一：AVI格式的压缩标准不统一，可能会出现高版本Windows媒体播放器播放不了采用早期编码编辑的AVI格式视频，而低版本Windows媒体播放器又播放不了采用最新编码编辑的AVI格式视频的情况。

6.3.3 MKV格式

1 优点

①支持多种编码格式：MKV格式支持多种编码格式，包括常见的H.264、MPEG-4、MPEG-2等，还支持无损音频编码格式，如FLAC、APE等。

②支持多种字幕格式：MKV格式支持多种字幕格式，包括SRT、ASS、SSA等，用户可以根据自己的需求选择不同的字幕格式。

③支持多种音轨：MKV格式支持多种音轨，用户可以在同一个文件中添加多个音轨，如多种语言的音轨或者不同版本的音轨，方便用户进行选择。

④支持高清视频：MKV格式支持高清视频，可以容纳如1080P、4K等分辨率的高清视频文件，让用户可以更好地欣

赏视频内容。

⑤文件大小适中：相对于其他格式的视频，MKV格式的视频占用空间适中，可以更好地管理和存储文件。

2 缺点

MKV格式是一种比较新的格式，可能在一些旧的设备或播放器上不支持。

6.3.4 FLV格式

1 优点

①占用空间小：FLV格式的视频占用空间很小，一部电影通常仅在100MB左右，是普通视频文件体积的三分之一。

②加载速度快：由于视频占用空间小，FLV格式视频的加载速度极快，方便了用户在线观看视频。

③保护版权：FLV格式视频不仅可以轻松快速地导入Flash中，还能起到保护版权的作用。

④CPU占用率低：FLV格式视频的CPU占用率低，视频质量良好。

⑤应用广泛：目前FLV格式已成为应用十分广泛的视频格式，被众多新一代视频分享网站所采用。

2 缺点

由于FLV格式是为了网络播放而设计的，因此在一些情况下，为了减小文件占用空间和提高加载速度，可能会牺牲一些画质。

6.3.5 RMVB格式

1 优点

①占用空间小：RMVB格式使用可变比特率编码来压缩视频和音频内容，使得文件占用空间比较小。

②适合网页播放：RMVB格式视频非常适合在各种网页上播放。

2 缺点

①安全性问题：RMVB格式可以嵌入脚本、广告、恶意代码等内容，因此在播放RMVB格式视频时需要格外小心，以避免病毒感染导致电脑受到攻击并泄露隐私。

②编辑困难：由于RMVB格式使用可变比特率编码，编辑RMVB格式文件比较麻烦，缺乏元数据和专业编辑信息，这会给后期处理带来困难。

6.3.6 WMV格式

1 优点

①高压缩比：WMV格式采用了先进的视频压缩技术，可以在保证视频质量的同时，大大减小视频占用空间大小。

②支持多种分辨率和比特率：WMV格式可以根据不同的应用场景和需求来选择不同的参数，支持多种分辨率和比特率。

2 缺点

WMV格式的兼容性不如其他格式，且不支持无损压缩。

综合上述不同视频格式的优缺点，选择哪种视频格式往往取决于具体的应用场景和需求。如果需要在网页上快速加载并播放视频，FLV格式和RMVB格式可能是不错的选择；如果需要高质量的视频而不介意文件大小，那么MP4格式和MKV格式可能更适合；AVI格式常被用于早期的视频制作和播放，WMV格式则更适用于Windows环境下的视频播放。

不同的社交视频软件对上传视频的格式有着不同的要求

和支持程度。例如，抖音和快手主要支持MP4和AVI格式的视频上传，而哔哩哔哩则支持更多种格式，如FLV、MKV等。此外，不同平台对视频分辨率、码率、帧率等参数也有着不同的要求，因此，在进行视频格式变更时，需要根据目标平台的上传要求来选择合适的参数。

6.4 利用软件转换视频格式

由于不同的短视频平台对视频格式有着不同的要求,因此我们往往需要利用专业的软件对短视频的视频格式进行转换。本节以腾讯智影和格式工厂为例,详细讲解如何利用软件进行视频格式的转换。

6.4.1 使用腾讯智影转换视频格式

使用腾讯智影进行视频格式转换的过程非常快捷。用户只需打开腾讯智影网页,点击主界面上的"格式转换",如图6-10所示,即可进入格式转换界面。在这里,用户可以通过点击"我的资源"或"本地上传",将需要转换格式的文件上传至平台,如图6-11所示。需要注意的是,上传文件大

第 6 章　视频制式调整的技巧

小不能超过1GB。

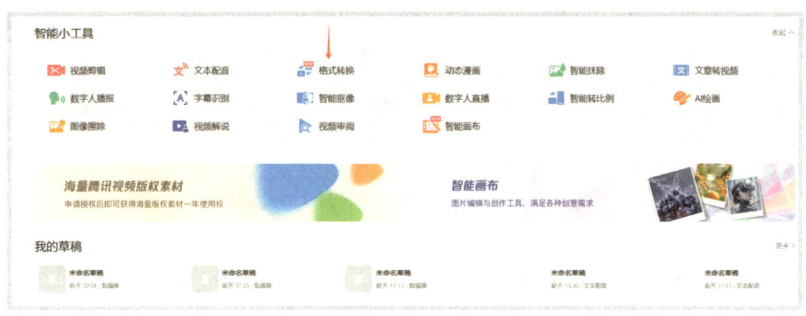

图6-10

图6-11

腾讯智影提供了多种主流视频格式供用户选择。在该界面向下滑动鼠标，即可看到腾讯智影支持转换的视频格式，如图6-12所示。用户在上传文件之后可以根据自己的需求灵活选择。并且，腾讯智影的格式转换功能还支持多种音频、图片格式的转换，轻松解决用户的多方面需求。

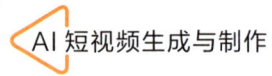

图6-12

选择好要转换的视频格式后，点击"确定"按钮，腾讯智影会立即开始转换过程。整个转换过程通常非常快速，用户无须等待过长时间即可得到转换后的视频文件。而且，腾讯智影在转换过程中会保持原始视频的质量和清晰度，确保转换后的视频文件与原文件相比没有明显的质量损失。

转换完成后，腾讯智影会自动保存转换后的视频文件。用户可以轻松找到并查看这些文件，随时使用它们进行后续操作或分享给他人。这样的设计使得整个转换过程变得非常流畅和便捷，为用户节省了大量时间和精力。

6.4.2 使用格式工厂转换视频格式

格式工厂是由上海格诗网络科技有限公司开发的一款功能强大的多媒体格式转换软件。它支持的格式极为丰富，视频方面有MP4、MKV、AVI等，音频方面有MP3、WMA、M4A等，图片方面有JPG、PNG、ICO等，文档方面有PDF、TXT、DOCX等。其功能众多，不仅能实现几乎全格式的音频、视频、图片、文档一键极速格式转换，还具备修复损坏文件、压缩文件、备份文件等功能。

这款软件界面简洁直观，操作简单易上手，支持批量处理文件以提高效率，采用先进转换算法保证转换速度与文件质量，并且支持几十种语言，方便不同国家和地区的用户使用。

打开浏览器输入网址"http://www.pcgeshi.com/index.html"，即可进入格式工厂官网，如图6-13所示。找到"立即下载"按钮，点击即可进行下载。下载完成后，双击安装包进行安装，按照提示完成安装过程。安装成功后，双击桌面上的格式工厂图标即可打开软件。

图6-13

打开格式工厂软件后,我们会看到一个清晰直观的界面,如图6-14所示。该界面左侧是各类功能选项,有视频、音频、图片、文档等。由于我们本次讨论的是视频格式的转换,因此我们需要选择"视频"选项。

在"视频"选项中,格式工厂提供了多种视频格式的转换选项,如MP4、MKV、AVI、FLV、WMV等。我们需要根据目标平台的要求或自己的需求选择合适的格式。例如,抖音等平台通常支持MP4格式,因此我们可以选择MP4格式作为目标格式。选择好目标格式后,点击该格式对应的按钮,会弹出一个新的窗口,如图6-15所示。

第 6 章　视频制式调整的技巧

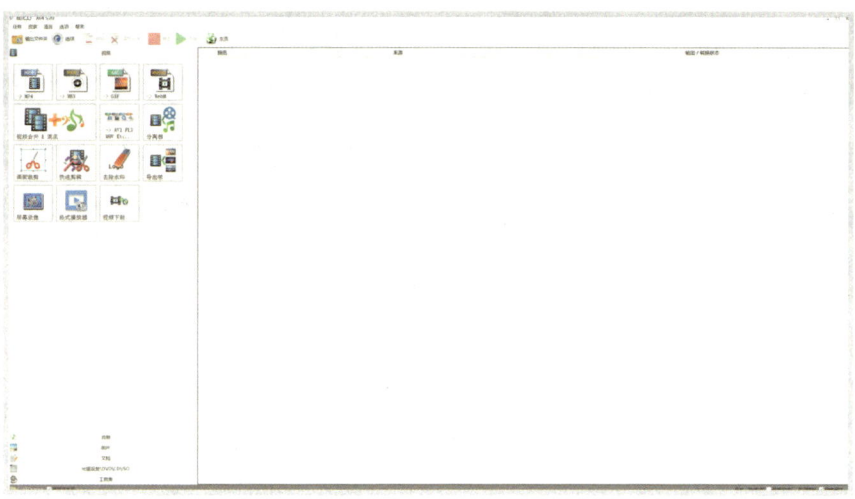

图6-14

图6-15

如果我们需要转换单个视频文件,就点击界面中心的

"添加文件",然后在弹出的文件选择框中找到并选择我们需要转换的视频文件。如果我们需要批量转换视频文件,就点击界面右下角的"添加文件夹"图标,然后选择包含多个视频文件的文件夹,如图6-16所示。

图6-16

在添加视频文件后,我们需要对输出参数进行设置,点击界面右上角的"输出配置",如图6-17所示。

图6-17

格式工厂提供了详细的输出参数设置选项,包括视频编码、屏幕大小、码率、每秒帧数、音频、字幕等,如图6-18所示。这些参数的设置将直接影响输出视频的质量和大小。

第 6 章 视频制式调整的技巧

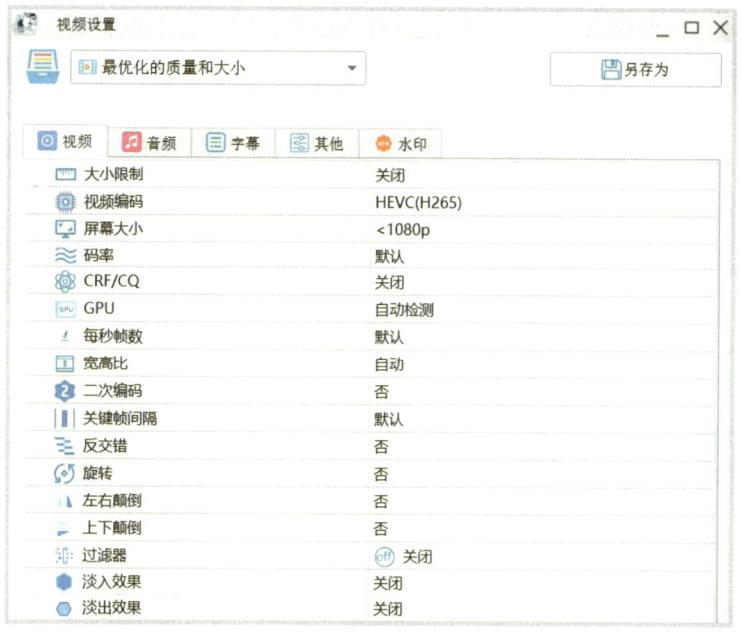

图6-18

以下是"视频配置"界面中主要选项的介绍。

（1）视频编码

该选项的作用是决定视频数据的压缩方式和解码方式。常见的编码方式有AVC（H.264）、HEVC（H.265）等。AVC广泛应用于各种设备和平台，HEVC则能在保证视频质量的同时大大减小文件占用空间。

（2）屏幕大小

该选项的作用是定义视频的分辨率。常见的分辨率有720P（1280×720）、1080P（1920×1080）等。高分辨率会带来更好的视觉效果,但也会增加文件占用空间。

(3)码率

该选项的作用是修改视频数据传输速率,直接影响视频质量和文件大小。码率越高,视频质量越好,但文件也会越大。

(4)每秒帧数

该选项的作用是决定视频的流畅度。一般该选项选择25FPS或30FPS,就足以保证大多数视频的流畅播放。

(5)音频

该选项的作用是配置视频的音频参数,包括音频编码方式、采样率、比特率等。音频编码方式有AAC、MP3等。采样率和比特率越高,音频质量越好,但也会增加文件占用空间。

(6)字幕

该选项的作用是添加或配置视频中的字幕,可以选择是否嵌入字幕、字幕的语言和编码方式等。

对输出参数调整完毕后,点击界面右下角的"确定"保存配置,即可跳转至格式工厂的主界面。在界面左上角选择"输出文件夹"后,点击"开始",等待系统处理即可,如图6-19所示。当预览框内视频的"输出/转换状态"显示"完成"时,即转换成功,如图6-20所示。

第 6 章 视频制式调整的技巧

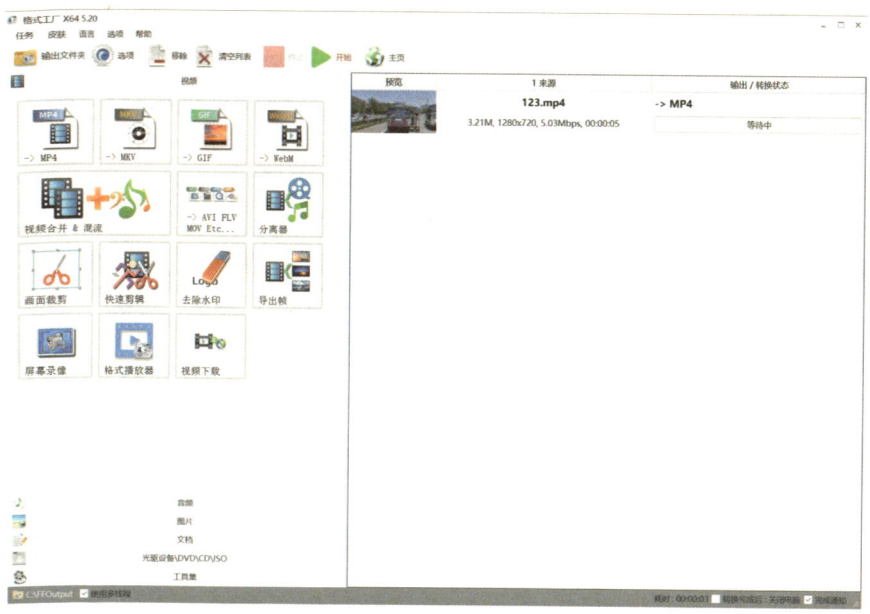

图6-19

图6-20